农药残留

加工因子手册

Manual on Processing Factor of Pesticide Residue

农业部农药检定所 ◎ 编著

NONGYAO CANLIU
JIAGONG YINZI SHOUCE

中国农业出版社

内 容 简 介

　　本手册主要介绍了（FAO 和 WHO）农药残留专家联席会议（Joint FAO/WHO Meeting of Pesticide Residues，JM-PR）对农产品加工过程中农药残留加工因子方面的信息和数据，给出了农药残留进行评估时所界定的残留物，并对这些化合物在我国《食品安全国家标准　食品中农药最大残留限量》(GB 2763—2016) 中规定的农药残留物进行了比较，涉及农药化合物总计 195 个。

　　本书可为农药领域相关科研单位、高等院校及企业从事农药登记、残留试验、风险评估及相关研究的人员提供参考。

《农药残留加工因子手册》编辑委员会

前　言

　　本手册以 FAO/WHO 农药残留专家联席会议（Joint FAO/WHO Meeting of Pesticide Residues，JMPR）报告为基础资料，对 2016 年以前 JMPR 报告中涉及的农药化合物的农药残留加工因子相关数据信息进行了翻译、整理，同时对这些化合物在我国《食品安全国家标准　食品中农药最大残留限量》（GB 2763—2016）中涉及的残留物界定信息进行了比较。总计涉及 195 个农药化合物。

　　本手册的目的在于为我国农药登记残留试验提供残留物信息，为农药在农产品或加工产品中 MRL 值的制定、膳食风险评估提供参考。

　　本手册由农业部农药检定所负责组织，中国农业大学农药学专业部分教师、研究生和国内从事农药残留试验的部分科研人员共同整理编辑完成。

　　由于时间仓促和水平有限，在资料翻译及整理中可能存在一些不足，恳请读者对本手册中不当之处批评指正，以便不断完善。

编　者
2017 年 8 月

目　　录

导　　论

　　农药残留专家联席会议（Joint FAO/WHO Meeting of Pesticide Residues，JMPR）是联合国粮农组织（Food and Agriculture Organization，FAO）和世界卫生组织（World Health Organization，WHO）农药残留专家组成的一个国际农药残留风险评估机构，职责是开展农药残留风险评估工作，为风险管理机构国际食品法典委员会（Codex Alimentarius Commission，CAC）和国际食品法典农药残留委员会（Codex Committee on Pesticide Residues，CCPR）提供建议和咨询，共同制定国际食品法典农药残留标准（Codex - MRL，CXL）。JMPR 根据农药毒理学资料和残留化学资料的评估，推荐某种农产品上不同化合物的最大残留限量建议值，经 CCPR 讨论通过后，再报送 CAC 大会审议批准成为CXL。在评估资料中，涉及农药残留加工因子的相关信息，这些信息为加工农产品中农药最大残留限量（Maximum Residue Limit，MRL）的制定提供了依据，也为加工农产品的风险评估提供了指导。

　　为充分利用 JMPR 的研究成果，为我国的农药残留工作提供参考，本手册对 JMPR 报告中涉及的农药残留加工因子信息进行了整理编译。

农药残留物的界定

　　农药残留是指农药使用后残存于生物体、农副产品中的微量农药原体、有毒代谢物、在毒理学上有重要意义的降解产物和反应杂质的总称。残存的数量称残留量，以每千克样品中有多少毫克（或微克、纳克）表示（mg/kg，μg/kg，ng/kg）。农药残留是施药后的必然现象，但如果超过一定量，对人畜产生不良影响或通过食物链对生态系统中的生物造成毒害，则称为农药残留毒性（残毒）。

　　在进行农药残留研究时，每种具体的农药在使用后的残留物可能会因研究目的不同而有所差异。例如市场监测（MRL）目的或膳食摄入评估（残留中值、最高残留值）目的不同，或植物源、动物源农产品中农药降解代谢途径差异而导致某农药化合物的残留物有所不同。对于农产品来说，一般包括以下四种情况：

　　植物源食品中用于 MRL 监测的残留物；

　　动物源食品中用于 MRL 监测的残留物；

　　植物源食品中用于膳食摄入评估的残留物；

　　动物源食品中用于膳食摄入评估的残留物。

　　本书所指残留物，也只针对这四种情况。

　　农药最大残留限量（Maximum Residue Limit，MRL），是指在生物体、食品、农副产品和饲料中农药残留的法定最高允许浓度，又称最高残留限量、最大允许残留量，用 mg/kg 单位表示。MRL 是市场上的产品质量监测评判标准。若残留量超过了 MRL，则判定产品不合格。各国政府均以法规的形式公布此值，对超过 MRL 的农产品应采取措施，禁止销售或食用。

　　MRL 的制定基于三方面的基础数据、化合物本身的毒理学数据、规范的农药残留试验数据和居民膳食结构数据。在 MRL 制订中，首先需要对评估中的残留物进行界定。农药的残留物可能会由于目的不同，如市场监测目的或膳食摄入评估目的，以及植物源或动物源农产品中农药降解代谢途径的差异而有所不同。

　　以市场监测为目的的残留物包含的化合物分析方法最好能满足一般实验室均能接受的仪器条件和分析标准，且能对大量样品进行分析。很多极性化合物由于需要采用较复杂的分析方法进行测定，因而通常在界定残留物时，不包含这些极性化合物。

以膳食风险评估为目的的残留物，应包含所有具有显著毒理学意义的化合物。

在校正或修订残留物定义时，JMPR 一般考虑以下因素：

(1) 在动、植物代谢过程中发现的残留物成分；

(2) 膳食风险评估时，降解代谢产物的毒理学特性；

(3) 规范田间试验中确定的残留物；

(4) 残留物是否为脂溶性物质；

(5) 监测分析方法的实用性；

(6) 其他农药是否也产生相同的代谢物和分析物；

(7) 代谢物成分是否已作为另外一种农药登记使用；

(8) 某特定残留物界定是否已得到本国政府认可并长期习惯上接受；

(9) 食品添加剂联合专家委员会（Joint FAO/WHO Expert Committee on Food Additives，JEC-FA）是否标记了可能在动物产品中产生的残留物。

在 JMPR 对某特定农药进行报告或评价时，会给出每个农药残留物的界定。残留物定义应明确说明它适用于植物源食品或动物源食品，还是两者都适用。

农药残留物与加工研究的关系

界定残留物的同时，应对农产品加工过程中的农药残留归趋进行研究，确定加工过程中农药残留的性状，有助于确定加工产品的农药残留物定义，以及明确需进一步研究的降解产物，如果初级农产品中的农药残留有分解或反应，可能需要单独的风险评估。

食品法典中的加工产品指的是，经过物理、化学或生物过程处理初级农产品后的产品。如果原产品只通过超声、清洗或其他类似处理，则不属于加工产品。尽管如此，为了给大家提供更多的信息，本书在整理相关数据时，对于简单的加工研究结果，如清洗等处理也进行了收录。加工研究的目的是为风险评估提供残留变化信息，定量地测定不同加工产品中农药残留的分布，以便为农药残留急性或慢性膳食摄入评估提供更可靠的依据。农药残留加工研究最初只考虑国际贸易中的重要加工产品，如今为了进行膳食摄入评估，也会考虑其他加工产品中的残留水平。

农药残留水平低于定量限（Limit of Quantification，LOQ）的农产品一般不进行加工研究。

不同的加工方式可能会造成加工产品中残留变化趋势有所不同。去皮、烹饪、榨汁等可能降低残留水平，而油籽或橄榄经过加工而成的油类产品中残留则会有所升高。另外，还有些情况下活性成分可能转化成一些比母体毒性更高的代谢物。如果加工产品中残留没有浓缩现象，则无需建立 MRL，但是以膳食摄入评估为目的时，则要考虑加工产品中的残留水平。如果加工产品中的残留水平与原产品相比发生了浓缩，JMPR 则会对加工产品中的 MRL 进行评估。

为了能够直观地表示残留在加工前后降低或浓缩的情况，通常采用加工因子（Processing factor，Pf）来表示。加工因子的计算如下：

$$Pf = 加工后农产品中农药残留量/加工前农产品中农药残留量$$

加工因子受到多种因素的影响，包括农药残留的理化性质（水溶性或脂溶性）、残留在作物中的分布（附着在表层或是内部）、加工方式、施药时期等，因而加工因子也可视作是农药和作物综合作用的结果。如果某种农药在某初级农产品中进行了多个加工研究，则采用 Pf 中值来表示加工因子。但如果两个研究的加工因子差距很大，例如相差 10 倍以上，这时最好选择其中最高的值作为代表值。

加工因子也受初级农产品采收间隔期的影响。这时，一般选用采收间隔期最短的初级农产品进行加工所得到的相应结果。当采用不同间隔期的初级农产品进行加工研究所得加工因子差异不大时，则可考虑全部采纳这些数据。

加工研究使用的初级农产品必须是含有可定量农药残留的田间试验样品，这样才能确保得到加工产品的加工因子。这就要求田间试验要加大施药剂量以确保有足够高的残留水平。如果农药残留都在农产品表面，加工研究也可使用添加残留的样品。

当加工产品中的农药残留＜LOQ 时，用"＜LOQ/初级农产品的残留水平"来计算加工因子。最终报告的加工因子选择最小的"＜LOQ/初级农产品的残留水平"。

当初级农产品中的残留＜LOQ，但在加工产品中的残留水平＞LOQ，用"＞加工产品的残留水平/LOQ"来计算加工因子。

当加工产品和初级农产品中的残留水平均＜LOQ 时，不能进行加工因子的研究。

主要参考文献

中华人民共和国国家卫生和计划生育委员会，中华人民共和国农业部，国家食品药品监督管理总局，2017. 食品安全国家标准 食品中农药最大残留限量：GB 2763—2016 [S]. 北京：中国标准出版社 . 2017：1.

中华人民共和国农业部，2008. 农药登记管理术语 第 6 部分：农药残留：NY/T 1667.6—2008 [S]. 北京：中国农业出版社 . 2008：10.

联合国粮食及农业组织农药残留专家联席会议，2012. 联合国粮食及农业组织用于推荐食品和饲料中最大残留限量的农药残留数据提交和评估手册 [M]. 单炜力，主译 . 北京：中国农业出版社 .

联合国粮食及农业组织农药残留专家联席会议，2012. 农药最大残留限量和膳食摄入风险评估培训手册 [M]. 单炜力，简秋主译 . 中国农业出版社，北京，2012

钱传范，2011. 农药残留分析原理与方法 [M]. 北京：化学工业出版社 .

Codex Alimentarius Commission，2016. Draft and proposed draft maximum residue limits for foodstuffs and feeds [C]. // Report of the 48th session of the Codex Committee on Pesticide Residues. Geneva：FAO/WHO Joint Publications.

Food and Agriculture Organization of the United Nations，2009. Submission and evaluation of pesticide residus data for the estimation of maximum residue levels in food and feed [R]. Rome：FAO.

AGP-JMPR Reports and evaluations [EB/OL]. http://www. fao. org/agriculture/crops/thematic-sitemap/theme/pests/jmpr/jmpr-rep/en/.

AGP-List of Pesticides evaluated by JMPS and JMPR [EB/OL]. http://www. fao. org/agriculture/crops/thematic-sitemap/theme/pests/lpe/en/.

农药残留加工因子信息

本篇是在 2016 年以前 JMPR 文件的基础上对农药残留加工因子信息进行整理的,同时也收录了文件中对于化合物的残留物界定相关信息,总计 195 个化合物。信息主要来源于 FAO 网站公开的 JMPR reports 和 JMPR evaluation,部分农药化合物的具体信息来源于 FAO 网站的 AGP - List of Pesticides evaluated by JMPS and JMPR。

JMPR 文件中按照年度对化合物整理结果进行了汇编,包括 Report 和 Evaluation 部分,本篇在具体整理时,在信息来源处以"某年 Report"或"某年 Evaluation"来表示。

说明:①根据不同情况,表格中加工因子最佳值,可能采用加工因子最大值、平均值或中值,在测定值中,(n) 表示测定次数。②在整理某化合物信息时,对于只给出编码或代号的化合物(含母体、代谢物),其具体信息(如化学名称、结构式等)在备注中给出,以方便读者。

1. abamectin 阿维菌素

1.1 JMPR 残留物定义(MRL 监测):阿维菌素 B1a

1.2 JMPR 残留物定义(膳食摄入评估):阿维菌素 B1a

1.3 GB 2763—2016 残留物定义(MRL 监测):阿维菌素(B1a 和 B1b 之和)

1.4 加工因子

初级农产品	加工农产品/加工方式	加工因子
苹果	去皮和核	<0.12
	粗苹果汁	<0.062
	澄清苹果汁	<0.062
	湿果渣	4.9
	干果渣	17.3
	复水果渣	14.8
	苹果酱	<0.12
葡萄	葡萄干	1, 2.8, 3.1
	葡萄汁	<0.25,<0.58, 1.4
	湿果渣	4.75
	干果渣	15.8
李子	李子干	0.8
梨	罐头(对半切开,去皮、核后制成)	<0.046
	梨酱(对半切开,加热,去皮、核后制成)	<0.048
棉籽	棉粕	<0.028,<0.067
	棉籽油	<0.028,<0.67

1.5 信息来源：1997 Evaluation；2000 Evaluation；2015 Report

2. acephate 乙酰甲胺磷

2.1 JMPR 残留物定义（MRL 监测）：乙酰甲胺磷

2.2 JMPR 残留物定义（膳食摄入评估）：乙酰甲胺磷及甲胺磷

2.3 GB 2763—2016 残留物定义（MRL 监测）：乙酰甲胺磷

2.4 加工因子

初级农产品	加工农产品/加工方式	加工因子（乙酰甲胺磷及甲胺磷）	
		测定值	最佳值
葡萄	葡萄汁（不澄清）	0.10，0.16	0.13
	葡萄干	2.2，3.5	2.9
	葡萄酒	<0.01，<0.01，<0.01，<0.01，<0.02，<0.02，<0.02，<0.02，<0.02，<0.03，<0.03，<0.04	<0.02
	湿果渣	0.01，0.02，0.05，0.05，0.13，0.79，1.1，1.5，3.1	1.3
番茄	浓汤	0.43	
	酱	0.97	
马铃薯	皮	>3.0	

初级农产品	加工农产品/加工方式	加工因子（乙酰甲胺磷）		加工因子（甲胺磷）	
		测定值	最佳值	测定值	最佳值
糙米	精米		0.63		0.85
柑橘	柑橘汁	0.17，0.3，0.85	0.44	0.2，0.6	0.4
	果肉	0.5		0.8	
	果肉（干）	0.75		2.2	
柠檬	柠檬汁	0.25，0.5	0.38	<0.5，0.5	<0.5
	果肉（干）	0.88		1.0	
苹果	清洗	1.0		1.0	
	苹果汁	0.99，1.0，1.0	1.0	1.0，1.0	1.0
	果酱	0.5			
	湿果渣	0.83，0.91，1.2	0.98	1.0，1.7	1.35
	干果渣	2.2，2.9	2.6	3.0，3.0	3.0
番茄*	清洗	0.21，1.1，1.3，1.4	1.0	0.75，1.0，1.3，1.8	1.2
	罐装	0.39		0.04	
	番茄汁	0.24，0.93	0.58	1.0，1.1	1.1
	番茄汤	0.54，1.8	1.2	2.1，3.3	2.7
	番茄糊	0.9，4.0	2.5	4.6，5.4	5.0
	湿番茄渣	0.18，0.6	0.39	0.5，0.75	0.63
	干番茄渣	0.28，1.0	0.64	0.63，1.1	0.87

（续）

初级农产品	加工农产品/加工方式	加工因子（乙酰甲胺磷）		加工因子（甲胺磷）	
		测定值	最佳值	测定值	最佳值
菜用大豆	清洗	0.65、0.7、0.72、0.89、0.94、1.1	0.83	0.56、0.6、0.6、0.85、0.97、1.0	0.76
	煮熟	0.46、0.53	0.5	0.69、0.97	0.83
	罐装	0.07、0.13、0.25	0.15	0.24、0.33、0.38	0.32
	罐头（富含水的）	0.05、0.13、0.25	0.14	0.16、0.36、0.38	0.3
马铃薯	去皮煮熟	0.26、0.28	0.27	0.75、1.0	0.88
	油炸	0.04、0.09	0.07	0.5、0.63	0.57
	皮（生）	0.81、0.98	0.9	1.4、2.3	1.9
	皮（煮熟）	0.46、0.57	0.52	0.75、1.7	1.2
洋蓟	煮熟	0.13	0.13	0.25	0.25
花椰菜	清洗	0.63、0.63、0.88	0.71	0.65、0.76、0.9	0.77
甜椒	清洗	0.86、0.91	0.88	1.0、1.3	1.1

* 某农产品来源不同时，分别列出。

2.5 信息来源：2003 Evaluation；2006 Evaluation；2011Report

3. acetamiprid 啶虫脒

3.1 JMPR 残留物定义（MRL 监测）：

植物源食品：啶虫脒

动物源食品：啶虫脒及 N-去甲基啶虫脒之和，以啶虫脒表示

3.2 JMPR 残留物定义（膳食摄入评估）：

植物源食品：啶虫脒

动物源食品：啶虫脒及 N-去甲基啶虫脒之和，以啶虫脒表示

3.3 GB 2763—2016 残留物定义（MRL 监测）：啶虫脒

3.4 加工因子

初级农产品	加工农产品/加工方式	加工因子
柑橘	柑橘汁	＜0.13
	果肉	0.24
	果肉（干）	2.8
	皮	2.83
	精油	＜0.16
苹果	苹果汁	0.88
	湿果渣	1.34
李子	李子干	2.96
葡萄	葡萄汁	1.5
	葡萄干	0.93
番茄	浓汤	1.4
	番茄糊	3.1
棉籽	棉粕	0.38
	棉籽壳	0.79
	棉籽油	＜0.04

3.5 信息来源：2011 Report

4. acetochlor 乙草胺

4.1 JMPR 残留物定义（MRL 监测）：碱解转化为 EMA 和 HEMA 的所有化合物之和，以乙草胺表示

4.2 JMPR 残留物定义（膳食摄入评估）：碱解转化为 EMA 和 HEMA 的所有化合物之和，以乙草胺表示

4.3 GB 2763—2016 残留物定义（MRL 监测）：乙草胺

4.4 加工因子

初级农产品	加工农产品/加工方式	加工因子
甜菜根	果肉（干）	2.3，0.9
	糖蜜	4.2，1.1
	精糖	0.5，<0.25
葵花籽	油粕	1.4
	油	0.22
备注	EMA： HEMA：	

4.5 信息来源：2015 Report

5. acibenzolar－S－methyl 活化酯

5.1 JMPR 残留物定义（MRL 监测）：活化酯和 1,2,3－benzothiadiazol－7－carboxylic acid（acibenzolar acid）（游离和共轭物）之和，以活化酯表示

5.2 JMPR 残留物定义（膳食摄入评估）：活化酯和 1,2,3－benzothiadiazol－7－carboxylic acid（acibenzolar acid）（游离和共轭物）、4－OH acibenzolar acid（游离和共轭物）之和，以活化酯表示

5.3 GB 2763—2016 残留物定义（MRL 监测）：无

5.4 加工因子

初级农产品	加工农产品/加工方式	加工因子
柑橘	果肉（干）	4.5
	柑橘汁	<0.625
	精油	<0.625
仁果类水果	干果渣	2.0，3.0，3.2，3.4
番茄	去皮	0.83，0.50
	番茄汁	0.67，0.75，0.80，1.0
	腌制番茄	0.5，0.5，0.8，0.83
	番茄浓汤	1.17，1.75，2.0，3.33
	番茄酱	1.75，2.0

(续)

初级农产品	加工农产品/加工方式	加工因子
备注	acibenzolar acid：1，2，3 - benzothiadiazol - 7 - carboxylic acid	

5.5 信息来源：2016 Evaluation

6. aldicarb 涕灭威

6.1 JMPR 残留物定义（MRL 监测）：涕灭威及其氧类似物（亚砜、砜）之和，以涕灭威表示

6.2 JMPR 残留物定义（膳食摄入评估）：涕灭威及其氧类似物（亚砜、砜）之和，以涕灭威表示

6.3 GB 2763—2016 残留物定义（MRL 监测）：涕灭威及其氧类似物（亚砜、砜）之和，以涕灭威表示

6.4 加工因子

初级农产品	加工农产品/加工方式	加工因子	
		测定值	最佳值
马铃薯	微波加热	0.72，0.72，0.65	0.7
	饼干	0.75	
	薯片	0.48	
	冷冻、油炸薯条	0.29	
	煮熟	0.39	

6.5 信息来源 1994 Evaluation；2001 Evaluation

7. alpha - cypermethrin 顺式氯氰菊酯

7.1 JMPR 残留物定义（MRL 监测）：氯氰菊酯（异构体之和）

7.2 JMPR 残留物定义（膳食摄入评估）：氯氰菊酯（异构体之和）

7.3 GB 2763—2016 残留物定义（MRL 监测）：无

7.4 加工因子

初级农产品	加工农产品	加工因子
大麦	啤酒	<0.17，<0.5，<0.03，<0.04，<0.04，<0.09
甘蓝	泡菜	<0.05，<0.04
小黄瓜	罐头	0.5，0.5，1.0，1.0
葡萄	葡萄渣	1.8，2.4，2.8，3.2，3.2，3.3，4.6，5.7
	葡萄干	3.2，3.4，3.2，3.4
	葡萄酒	<0.17，<0.17，<0.2，<0.2，<0.08，<0.08，<0.2，0.2
橄榄	油粕	0.08，0.09，0.12，0.25
	初榨橄榄油	3.3，4.6，6.6，8.5，17.4，13.9
	橄榄油	6.1，7.2，9.3，12.7
	发酵橄榄	1.1，1.1，1.6，2.0
油菜籽	毛油	0.81，1.6
	精炼油	1.0，1.3

（续）

初级农产品	加工农产品	加工因子
番茄	罐头	<0.11，<0.16，<0.16，<0.25
	番茄汁	0.22，0.25，0.33，0.33
	番茄酱	1.0，1.0，1.1，1.8

7.5 信息来源：2008 Evaluation

8. ametoctradin 唑嘧菌胺

8.1 JMPR 残留物定义（MRL 监测）：唑嘧菌胺

8.2 JMPR 残留物定义（膳食摄入评估）：由于不存在毒性问题，没有必要制定母体的 ADI 或 ARfD，在膳食摄入评估时，对于母体或代谢物 M650F03 和 M650F04 均不必关注

8.3 GB 2763—2016 残留物定义（MRL 监测）：唑嘧菌胺

8.4 加工因子

初级农产品	加工农产品/加工方式	加工因子（母体化合物）		加工因子（所有残留物）	
		测定值	最佳值	测定值	最佳值
葡萄	玫瑰葡萄酒	<0.001，<0.002，0.006，0.009	0.004	<0.003，<0.006，0.009，0.014	0.0075
	红葡萄酒	0.012，0.020，0.027，0.032	0.0235	0.014，0.024，0.032，0.035	0.028
	葡萄干	1.9，2.0，4.8，6.2	3.4	1.9，2.0，6.2，4.8	4.1
	湿果渣	2.5，2.7，2.9，3.9，4.2，4.9，4.8，5.1	3.4	2.5，2.7，2.9，3.9，4.2，4.9，4.8，5.1	3.4
	葡萄汁（巴氏灭菌）	0.10，0.13，0.19，0.27，0.34，0.45，0.64，0.77	0.305	0.11，0.13，0.19，0.27，0.34，0.45，0.64，0.77	0.305
洋葱	去皮	0.023，<0.08，<0.15，<0.9	0.023		
	干洋葱	0.065，0.15，0.16，<0.9	0.15		
小黄瓜	泡菜	0.28，0.56，0.58，0.78	0.57	0.30，0.62，0.66，0.84	0.64
番茄	去皮	0.008，0.014，0.016，0.040	0.015	0.019，0.028，0.039，0.064	0.0335
	罐头（去皮）	0.005，0.007，0.022，0.032	0.0145	0.017，0.019，0.047，0.056	0.033
	番茄汁	0.12，0.14，0.21，0.33	0.175	0.13，0.16，0.23，0.34	0.195
	番茄酱	0.24，0.27，0.50，0.62	0.385	0.25，0.29，0.51，0.62	0.40
	番茄糊	0.44，0.74，1.0，1.1	0.87	0.45，0.75，1.0，1.1	0.875
	湿番茄渣	1.1，1.2，1.4，1.4	1.3	1.1，1.2，1.4，1.4	1.3
马铃薯	去皮			0.79	
	马铃薯皮			1.3	
	微波煮			1.4	
	去皮蒸煮			0.65	
	法式炸薯条			0.63	
	油炸薯片			0.79	
	饼干			0.96	

（续）

初级农产品	加工农产品/加工方式	加工因子（母体化合物）		加工因子（所有残留物）	
		测定值	最佳值	测定值	最佳值
啤酒花	啤酒	0.0004，0.0005，0.0007	0.0005	0.0016，0.0016，0.0025	0.0016
	提取物	0.22，0.34，0.53	0.34	0.22，0.34，0.53	0.34
备注	M650F03：(7-amino-5-ethyl [1，2，4] triazolo [1，5-a] pyrimidin-6-yl) acetic acid or hetarylacetic acid M650F04：7-amino-5-ethyl [1，2，4] triazolo [1，5-a] pyrimidine-6-carboxylic acid or hetarylcarboxylic acid				

8.5 信息来源：2012 Report，Evaluation

9. aminopyralid 氯氨吡啶酸

9.1 JMPR 残留物定义（MRL 监测）：氯氨吡啶酸及其能被水解的共轭物，以氯氨吡啶酸表示

9.2 JMPR 残留物定义（膳食摄入评估）：氯氨吡啶酸及其能被水解的共轭物，以氯氨吡啶酸表示

9.3 GB 2763—2016 残留物定义（MRL 监测）：氯氨吡啶酸及其能被水解的共轭物，以氯氨吡啶酸表示

9.4 加工因子

初级农产品	加工农产品	加工因子
小麦	麦麸	2.4
	面粉	0.2
	胚芽	0.36
	分选谷物颗粒	6.1

9.5 信息来源：2006 Report，Evaluation

10. azocyclotin 三唑锡

10.1 JMPR 残留物定义（MRL 监测）：三环锡

10.2 JMPR 残留物定义（膳食摄入评估）：三环锡

10.3 GB 2763—2016 残留物定义（MRL 监测）：三环锡

10.4 加工因子

初级农产品	加工农产品/加工方式	加工因子	
		测定值	最佳值
橙	橙汁	0.04	
	果肉（干）	1.6	
	精油	102	
苹果	湿果渣	1，>5	1.7
	干果渣	<0.05，4	

（续）

初级农产品	加工农产品/加工方式	加工因子	
		测定值	最佳值
葡萄	葡萄汁	0.8	
	葡萄酒	0.7	
	葡萄干	0.3～2	0.9
	湿果渣		2.6
	干果渣		4.8

10.5 信息来源：2005 Report，Evaluation

11. azoxystrobin 嘧菌酯

11.1 JMPR 残留物定义（MRL 监测）：嘧菌酯

11.2 JMPR 残留物定义（膳食摄入评估）：嘧菌酯

11.3 GB 2763—2016 残留物定义（MRL 监测）：嘧菌酯

11.4 加工因子

初级农产品	加工农产品/加工方式	加工因子
柑橘	柑橘汁	＜0.08
	冷榨精油	4.8
	柑橘皮	1.9
葡萄	蒸馏物	＜0.04
	葡萄干	0.45
	葡萄汁	0.36
	葡萄原汁	0.52
	干果渣	5.0
	湿果渣	3.1
	葡萄酒（巴氏灭菌）	0.54
	酒精	＜0.04
	葡萄酒	0.67
李子	李子干	0.19
番茄	蜜饯	＜0.12
	番茄汁	0.36
	番茄沙司	0.47
	番茄酱	2.6
	干番茄渣	24
	湿番茄渣	9.2
	番茄糊	0.8
大麦	麦芽	0.10
	大麦根	0.45
	酒糟	0.15
	啤酒	0.03

（续）

初级农产品	加工农产品/加工方式	加工因子
玉米	玉米面粉	0.73
	粗玉米粉	0.27
	玉米饼	0.55
	干磨玉米油	0.64
	湿磨玉米油	6.1
	玉米淀粉	<0.09
稻谷	稻糠	1.2
	精米	0.09
	糙米	4.8
小麦	麦麸	0.38
	白面包	0.13
	全麦面包	<0.13
	次粉	0.25
	特级面粉	0.25
	全麦面粉	0.25
	次粉	0.13
大豆	大豆皮	2.2
	豆饼	0.09
	大豆油	0.77
葵花籽	葵花籽饼	<0.08
	葵花籽油	0.15
花生	油粕	1.0
	毛油	4.0
	花生油	3.0
马铃薯	小薄片	0.011
	薯片	0.012
	湿皮	0.904

11.5 信息来源：2008 Evaluation；2013 Report

12. benalaxyl 苯霜灵

12.1 JMPR 残留物定义（MRL 监测）：苯霜灵

12.2 JMPR 残留物定义（膳食摄入评估）：苯霜灵

12.3 GB 2763—2016 残留物定义（MRL 监测）：苯霜灵

12.4 加工因子

初级农产品	加工农产品	加工因子	
		测定值	最佳值
葡萄	葡萄汁	0.11, 0.18, 0.15, 0.16	0.155
	湿果渣	3.3, 3.8	3.5
	瓶装酒	0.22, 0.36, 0.15, 0.16	0.22

(续)

初级农产品	加工农产品	加工因子	
		测定值	最佳值
番茄	番茄汁	0.22，0.22	0.22
	浓汤	0.21，0.48	0.344
	腌制	0.10，0.22	0.16

12.5 信息来源：2009 Evaluation

13. benomyl 苯菌灵

13.1 JMPR 残留物定义（MRL 监测）：苯菌灵、多菌灵、甲基硫菌灵之和，以多菌灵表示

13.2 JMPR 残留物定义（膳食摄入评估）：苯菌灵、多菌灵、甲基硫菌灵之和，以多菌灵表示

13.3 GB 2763—2016 残留物定义（MRL 监测）：苯菌灵和多菌灵之和，以多菌灵表示

13.4 加工因子

初级农产品	加工农产品/加工方式	残留量（多菌灵，mg/kg）	加工因子
柑橘（美国）	未清洗	6.0	1.0
	清洗	0.74	0.12
	柑橘汁	0.10	0.016
	果浆	0.07	0.012
	乳化液	0.93	0.15
	榨汁	1.0	0.16
	橘皮粉	2.6	0.43
	精油	8.2	1.36
	切碎的皮	1.5	0.25
	晒干的皮	5.3	0.88
	糖蜜	3.6	0.60

初级农产品	加工农产品	加工因子
柑橘（巴西）	柑橘汁	0.23，0.36
	柑橘汁	0.28，0.83

农产品	残留量（多菌灵，mg/kg）	加工因子（以多菌灵计）	
		流水线起点	原果
苹果（纽约，未清洗）	0.20		1.0
流水线起点	0.18	1.0	0.9
清洗或洗刷	0.14	0.81	0.73
苹果（俄亥俄州，未清洗）	0.16	1.0	1.0
初期包装流水线起点	0.07	1.0	0.46
清洗或洗刷	0.05	0.71	0.33
后期包装流水线起点	0.06	1.0	
清洗或洗刷	0.06	1.0	0.42
苹果（北卡罗莱纳州，未清洗）	0.19		
流水线起点	0.19±0.03		
水洗	0.18，0.20，0.17 （0.18±0.02）	0.82，1.2，0.93 （0.98±0.20）	

（续）

农产品	残留量（多菌灵，mg/kg）	加工因子（以多菌灵计）	
		流水线起点	原果
苹果泥	0.12，0.11，0.14（0.12±0.02）	0.58，0.65，0.75（0.66±0.08）	
碱液清洗	0.13	0.61	
苹果泥（碱液）	0.12	0.58	
苹果（宾夕法尼亚州，未清洗）	0.27		1.0
灌装切片流水线起点	0.17	1.0	0.62
清洗	0.12	0.69	0.43
去皮或去核	0.06	0.38	0.23
罐装的苹果片	0.04	0.23	0.14
苹果酱流水线起点	0.10	1.0	0.36
清洗	0.07	0.73	0.26
去皮或去核	0.04	0.41	0.15
苹果酱	0.04	0.37	0.13
苹果汁流水线起点	0.10	1.0	0.36
榨汁	0.07	0.73	0.26
澄清苹果汁	0.07	0.67	0.23

初级农产品	加工农产品/加工方式	加工因子	
		测定值	最佳值
苹果	清洗	0.26～1.2	0.55±0.28
	包装	0.36～1.0	0.68±0.29
	去皮与切片	0.23～0.38	0.24±0.10
	罐装苹果切片	0.14	
	苹果酱	0.13	
	苹果泥	0.47	

农产品	多菌灵残留量（mg/kg）	加工因子
桃	1.0	
冲洗	0.37	0.37
去皮	0.12	0.12
果泥	0.06	0.06
桃	0.17	
水槽泡洗	0.18	
碱液去皮	0.02	
罐头（两等分）	<0.01	
罐头（切片）	0.01	
葡萄（瑞士）	2.3，1.2，5.3，1.8	
酒	1.7，0.40，3.6，0.65	0.74，0.33，0.68，0.36
葡萄（美国）	3.1，1.2	
葡萄干	3.1，1.2	1.0，1.6
葡萄干残渣	11，5.6	3.5，4.7

（续）

农产品	多菌灵残留量（mg/kg）	加工因子
番茄	2.9	
湿果渣	0.85	0.29
干果渣	1.4	0.48
番茄汁	0.78	0.27
浓汤	1.9	0.66
番茄酱	1.8	0.62
糙米	4.0	
精米	0.04	0.01
糙米	5.3	
稻糠	1.6	0.31
稻壳	12	2.3

13.5 信息来源：1998Report，Evaluation

14. bentazone 灭草松

14.1 JMPR 残留物定义（MRL 监测）：灭草松

14.2 JMPR 残留物定义（膳食摄入评估）：灭草松

14.3 GB 2763—2016 残留物定义（MRL 监测）：灭草松、6-羟基灭草松及8-羟基灭草松之和，以灭草松表示

14.4 加工因子

初级农产品	加工农产品/加工方式	加工因子
	稻壳	8.9
稻谷	稻糠	0.37
	精米	0.08

14.5 信息来源：2013 Report；2016 Report

15. benzovindiflupyr 苯并烯氟菌唑

15.1 JMPR 残留物定义（MRL 监测）：苯并烯氟菌唑

15.2 JMPR 残留物定义（膳食摄入评估）：苯并烯氟菌唑

15.3 GB 2763—2016 残留物定义（MRL 监测）：无

15.4 加工因子

初级农产品	加工农产品/加工方式	加工因子
	分选谷物颗粒	8.1
	大豆壳	10
	大豆毛油	0.86
大豆	大豆油	0.66
	豆粕（干）	<0.4
	大豆粉	<0.4
	大豆糠	4.2

（续）

初级农产品	加工农产品/加工方式	加工因子
大豆	大豆渣	<0.4
	大豆奶	<0.4
	大豆豆腐	0.55
	酱油	<0.4
	豆面酱	<0.4
	大豆粉	<0.26
	大豆种皮	6.3
	含脂大豆粉	<0.24
	大豆奶	<0.23
	豆腐	0.33
	大豆酱	<0.23
	大豆毛油	0.86
	油	0.64
	分选谷物	8.3
苹果	湿果渣	3.5
	干果渣	15.5
	苹果汁	<0.06
	苹果酱	0.45
	苹果肉（干）	12.9
	苹果冻	0.09
	罐装苹果	<0.06
葡萄	葡萄汁（未发酵）	0.66
	湿果渣	2.5
	干果渣	6.4
	葡萄汁	0.075
	白葡萄酒	0.04
	红葡萄酒	0.08
	制干果脯	2.4
马铃薯	去皮	4.8
	去皮块茎	0.25
	烤块茎	2.2
	煮块茎	0.25
	薯片	0.50
	薯条	<0.25
	油炸	<0.25

初级农产品	加工农产品/加工方式	加工因子
番茄	番茄酱	0.42
	番茄泥	0.17
	罐装番茄	0.03
	湿果渣	7.5
	果肉（干）	8.9
	番茄汁	0.06
	番茄汁（巴氏杀菌）	0.09
	干果渣	35.3
花生	油粕	0.74
	花生油	1.6
	花生酱	<0.57
油菜籽	油粕	0.53
	油	0.98
大麦	珍珠麦	0.46
	大麦粉	0.40
	麦麸	0.39
小麦	蛋白饲料	2.9
	干面筋	0.5
	干淀粉	0.33
	麦麸	2.3
	精面粉	0.33
	全麦面粉	0.67
	全麦面包	0.50
	胚芽	1.0
	分选谷粒	72
	面粉	<0.14
	次粉	<0.17
	次粉	0.15
	胚芽	0.74
咖啡豆（青）	烘焙	<0.42
	速溶咖啡	<0.50
甘蔗	甘蔗渣	8.9
	冰糖	<0.25
	糖浆	<0.33

15.5 信息来源：2014 Report；2016 Evaluation，Report

16. beta – cyfluthrin 高效氟氯氰菊酯

16.1 JMPR 残留物定义（MRL 监测）：氟氯氰菊酯（异构体之和）

16.2 JMPR 残留物定义（膳食摄入评估）：氟氯氰菊酯（异构体之和）

16.3 GB 2763—2016 残留物定义（MRL 监测）：氟氯氰菊酯（异构体之和）

16.4 加工因子

初级农产品	加工农产品/加工方式	加工因子	
		测定值	最佳值
柑橘	干浆	5.3	5.3
苹果	干果渣	0.11，16	16
棉籽	棉籽壳	1.9	1.9
	棉籽粕	0.08	0.08
	棉籽毛油	1.9	1.9
	棉籽油	1.2	1.2

16.5 信息来源：1999 Report；2000 Evaluation；2007 Report

17. bifenazate 联苯肼酯

17.1 JMPR 残留物定义（MRL 监测）：联苯肼酯和联苯肼酯二亚胺之和，以联苯肼酯表示

17.2 JMPR 残留物定义（膳食摄入评估）：联苯肼酯和联苯肼酯二亚胺之和，以联苯肼酯表示

17.3 GB 2763—2016 残留物定义（MRL 监测）：联苯肼酯

17.4 加工因子

初级农产品	加工农产品/加工方式	加工因子	
		测定值	最佳值
苹果	湿果渣	1.8，1.7	1.8
	苹果汁	0.23，0.10	0.17
棉籽	棉籽壳	0.105，0.35	0.23
	油粕	<0.0095，<0.0038	<0.0038
	棉籽油	<0.0095，<0.0038	<0.0038
葡萄	葡萄汁	0.054，0.17	0.11
	葡萄干	0.3，63.2	3.2
李子	李子干	0.5，<0.3	0.5
番茄	番茄泥	1.26	
	番茄糊	5.6	

17.5 信息来源 2006 Report；2008 Report；2010 Evaluation

18. bifenthrin 联苯菊酯

18.1 JMPR 残留物定义（MRL 监测）：联苯菊酯（异构体之和）

18.2 JMPR 残留物定义（膳食摄入评估）：联苯菊酯（异构体之和）

18.3 GB 2763—2016 残留物定义（MRL 监测）：联苯菊酯（异构体之和）

18.4 加工因子

初级农产品	加工农产品/加工方式	加工因子	
		测定值	最佳值
番茄	泥	<0.63，<0.71	<0.67
	浓汤	<0.63，<0.71	<0.67

（续）

初级农产品	加工农产品/加工方式	加工因子	
		测定值	最佳值
玉米	粗磨粉	0.32	
	粉	1.1	
	粗粉	<0.15	
	毛油	0.77, 1.9	1.9
	油	0.92, 2.3	2.3
	胚芽	0.29, 0.52	0.52
	外壳	2.9, 1.5	2.9
	淀粉	<0.15	
大豆	壳	1.2, 1.4	≥1.3
小麦	麦麸	2.5, 2.6, 2.7, 2.7, 2.7, 2.9, 3.0, 3.0, 3.0, 3.1, 3.1, 3.2, 3.3, 3.3, 3.5, 3.5, 4.4, 4.6, 4.6, 5.0, 5.0, 5.1	3.15
	全麦面粉	0.29, 0.32, 0.37, 0.59, 0.63, 0.64, 0.68, 0.68, 0.69, 0.69, 0.70, 0.71, 0.73, 0.76, 0.76, 0.77, 0.77, 0.78, 0.79, 0.81, 0.81, 0.87, 0.88, 0.92, 0.95, 1.0, 1.0, 1.1, 1.1, 1.1	0.765
	全麦面包	0.11, 0.11, 0.14, 0.15, 0.15, 0.18, 0.19, 0.19, 0.60, 0.69, 0.73, 0.76, 0.76, 0.81, 0.83, 0.85, 0.86, 0.87, 0.88, 0.88, 0.89, 0.97	0.75
	面粉	0.038, 0.038, 0.071, 0.077, 0.21, 0.21, 0.24, 0.26, <0.3, 0.3, 0.3, 0.32, 0.32, 0.32, 0.33, 0.34, 0.35, 0.39, 0.42, 0.47, 0.51, 0.52	0.31
	面包	0.036, 0.037, 0.038, 0.038, 0.069, 0.071, 0.074, 0.077, 0.20, 0.24, 0.24, 0.25, 0.25, 0.25, 0.27, 0.28, <0.29, <0.30, 0.30, 0.31, <0.32, 0.32	0.245
	胚芽	1.1, 1.2, 1.5, 1.6, 2.0, 2.2, 2.5, 2.7	1.8

（续）

初级农产品	加工农产品/加工方式	加工因子	
		测定值	最佳值
棉籽	棉绒	4.5, 4.2	4.4
	棉籽壳	0.27, 0.40	0.34
	棉籽粉	<0.058, <0.053	<0.06
	油粕	0.10, 0.084	0.1
油菜籽	油粕	0.54	0.54
	油	1.6	1.6
啤酒花	啤酒	<0.0055, <0.0057	<0.006
茶	茶汤	0.001, 0.0018, 0.002, 0.002, 0.0021, 0.0023, 0.0023, 0.0025, 0.0026, 0.0027, 0.0027, 0.003, 0.0035, 0.0043, <0.005, 0.0062, <0.007, 0.0077, <0.011, 0.014, <0.019, <0.024	0.003

18.5 信息来源：1992 Report；1995 Report，Evaluation；1996 Report，Evaluation；1997 Report，Evaluation；2010 Report，Evaluation

19. bitertanol 联苯三唑醇

19.1 JMPR 残留物定义（MRL 监测）：联苯三唑醇

19.2 JMPR 残留物定义（膳食摄入评估）：联苯三唑醇

19.3 GB 2763—2016 残留物定义（MRL 监测）：联苯三唑醇

19.4 加工因子

农产品	残留量（mg/kg）	加工因子
番茄（安全间隔期 3 d）	0.52	
清洗	0.42	0.81
蜜饯	0.19	0.365
番茄汁	0.07	0.135
番茄泥	1.1	2.1
去皮苹果	8.2	
苹果汁	0.84	0.1
湿果渣	21	2.6
干果渣	61	7.4
樱桃（安全间隔期 21 d）	0.48	
清洗	0.44	0.92
蜜饯	0.33	0.68
果酱	0.26	0.54
樱桃汁	0.18	0.375

（续）

农 产 品	残留量（mg/kg）	加工因子
樱桃（安全间隔期 21 d）	0.52	
清洗	0.39	0.75
蜜饯	0.26	0.5
樱桃汁	0.06	0.115
果渣	0.56	1.1
樱桃（安全间隔期 21 d）	0.36	
蜜饯	0.21	0.58
果酱	0.13	0.36
樱桃汁	0.01	0.028
梨（安全间隔期 14 d）	0.19	
清洗	0.3	
果酱	<0.02	
蜜饯	<0.02	
梨汁	0.03	
梨（安全间隔期 14 d）	0.23	
清洗	0.36	
果酱	<0.02	
蜜饯	<0.02	
梨汁	0.03	
李子（安全间隔期 21 d）	0.22	
果酱	0.14	0.64
李子（安全间隔期 21 d）	0.21	
酱汁	0.22	1
果酱	0.12	0.57

19.5 信息来源：1999 Report，Evaluation

20. bixafen 联苯吡菌胺

20.1 JMPR 残留物定义（MRL 监测）：

植物源食品：联苯吡菌胺

动物源食品：联苯吡菌胺和 N-（3′，4′-二氯 5-氟联苯-2-基）-3-二氟甲基-1H-吡唑-4-甲酰胺（去甲基联苯吡菌胺），以联苯吡菌胺表示

20.2 JMPR 残留物定义（膳食摄入评估）：联苯吡菌胺和 N-（3′，4′-二氯 5-氟联苯-2-基）-3-二氟甲基-1H-吡唑-4-甲酰胺（去甲基联苯吡菌胺），以联苯吡菌胺表示

20.3 GB 2763—2016 残留物定义（MRL 监测）：无

20.4 加工因子

初级农产品	加工农产品/加工方式	加工因子
油菜籽	油	1
	渣	0.83
	粗粉	1.5
	油粕	1.5
	毛油	0.83
	毛油（未澄清）	1.5
	毛油（中和）	1.5
	油	1.5
油菜籽	毛油	0.83
	油	1.5
	油粕	1.5
大麦	啤酒麦芽	0.96
	麦芽根	0.83
	啤酒	<0.11
	啤酒酵母	0.21
	酒糟	0.93
	啤酒花残渣	0.68
	珍珠麦	0.25
	精磨珍珠大麦	3.8
小麦	面粉	0.37
	麦麸	2.6
	全麦面粉	0.91，<0.37
	全麦面包	0.53, 0.63
	面包	0.33
	胚芽	1.1

20.5 信息来源：2013 Evaluation；2016 Evaluation

21. boscalid 啶酰菌胺

21.1 JMPR 残留物定义（MRL 监测）：啶酰菌胺

21.2 JMPR 残留物定义（膳食摄入评估）：啶酰菌胺

21.3 GB 2763—2016 残留物定义（MRL 监测）：啶酰菌胺

21.4 加工因子

初级农产品	加工农产品/加工方式	加工因子	
		测定值	最佳值
柑橘	果肉	<0.09, 0.09, <0.11, 0.11, <0.14, 0.14, <0.15	0.14
	果皮	<0.18, <0.19, 0.19, <0.20, <0.24, 2.10, 2.21, 2.54, 2.66, 2.84, 3.06, 3.09, 3.12, 3.22, 3.87, 4.20, 4.61, 5.57	3.09

初级农产品	加工农产品/加工方式	加工因子	
		测定值	最佳值
苹果	清洗	0.42，0.47，0.84，1.00	0.66
	新鲜果渣	2.08，3.90，5.73，6.38，6.77，8.26	6.06
	干果渣	13.66，16.69，20.03，24.10	18.36
	苹果汁（浓）	0.13，0.22，0.27，0.29	0.25
	新鲜苹果汁	0.05，0.06，0.08（2），<0.09，<0.10	0.08
	苹果酱	0.67，0.83，1.00，1.14	0.92
李子	清洗	0.58，0.62，0.79，0.80，1.42	0.79
	浓浆	1.54，1.92，1.98，2.05	1.95
	李子干	0.52，2.42，2.80，3.15，3.66	2.80
樱桃	清洗	0.26，0.57，0.58，1.21	0.58
	罐装樱桃	0.40，0.49，0.54，0.86	0.52
	果浆	0.10，0.10，0.13，0.34	0.12
	樱桃汁	0.28，0.31，0.44，1.24	0.38
草莓	清洗	0.54，0.67，0.69，0.71	0.68
	罐装草莓	0.62，0.69，0.90，1.00	0.80
	果浆	0.22，0.23，0.27，0.28	0.25
	果酱	0.37，0.42，0.45，0.46	0.44
	草莓香精	<0.08（2），<0.13，<0.17	<0.11
葡萄	葡萄干	2.42	2.42
	湿果渣	1.95，2.40，2.60，3.41	2.50
	葡萄酒	0.09，0.34，0.36，0.47	0.35
	葡萄汁	0.42	0.42
结球甘蓝	外层叶	15.58，16.56，21.55，52.72	19.06
	里层叶	<0.03，<0.06，<0.08，<0.42	<0.07
	外层和里层茎	0.03，0.11，1.78，4.61	0.95
	煮熟的结球甘蓝	<0.03，<0.06，<0.08，<0.42	<0.07
	泡菜	0.09，0.10，0.22，<0.42	0.16
黄瓜	清洗	<0.23，0.46，0.50，0.73	0.48
	罐装	0.23，<0.50，0.54，0.60	0.52
番茄	清洗	0.14，0.15，0.17，0.94	0.16
	湿果渣	0.85，0.93，1.09，2.17	1.02
	罐装番茄汁	0.09，0.13，0.16，0.27	0.15
	番茄糊	0.19，0.24，0.73	0.24
	番茄泥	0.53，0.63，0.82，2.24	0.73
	去皮	<0.03，<0.05，<0.07	<0.05
	罐装	<0.03，<0.05，0.12	<0.05
	果皮	0.28，0.35，0.59	0.35

(续)

初级农产品	加工农产品/加工方式	加工因子	
		测定值	最佳值
结球莴苣	外部叶子	1.11, 1.25, 1.29, 1.86	1.27
	清洗	0.57, 0.72, 0.86, 1.26	0.79
	内部叶子	<0.02, 0.06, 0.18, <0.71	0.12
	清洗	0.03, <0.05, <0.18, <0.71	<0.12
豌豆	清洗	0.50, 1.0, 1.0, 10, 1.0, 1.0, 1.0, 1.0	1.0
	煮熟	1.0, 1.0, 10, 1.0, 1.0, 1.0, 1.0, 1.0	1.0
	罐装	1.0, 1.0, 10, 1.0, 1.0, 1.0, 1.0, 1.0	1.0
大豆	大豆皮	1.74	
	豆粕	<0.16	
	油	0.42	
胡萝卜	清洗	0.27, 0.36, 0.40, 0.43	0.38
	去皮	0.06, <0.10, <0.13, <0.14	<0.12
	胡萝卜皮	0.68, 1.31, 1.49, 1.50	1.40
	煮熟	0.05, <0.10, <0.13, <0.14	<0.12
	胡萝卜汁	<0.05, <0.10, <0.13, <0.14	<0.12
	果渣	0.06, 0.15, 0.17	0.16
	罐装	<0.05, <0.10, <0.13, <0.14	<0.12
甜菜	干甜菜根	2.16	
	糖蜜	1.88	
	糖	0.24	
大麦	冷却残渣	2.2, 3.1, 3.5, 4.3, 11.3, 12.8, 13.1, 13.5	7.8
	去壳大麦	0.22, 0.29, 0.37	0.33
	啤酒麦芽残渣	0.37, 0.45, 0.52, 0.58	0.49
	麦芽	0.53, 0.89, 0.97, 1.1	0.93
	谷物渣	0.29, 0.34, 0.40, 0.48	0.37
	冷却的残渣（絮状）	0.36, 0.45, 0.48, 0.70	0.47
	啤酒酵母	0.16, 0.19, 0.29, 0.47	0.24
	啤酒（冷的）	0.01, 0.02, 0.02, 0.02	0.02
	啤酒（冰的）	0.01, 0.02, 0.02, 0.02	0.02
小麦	麦麸	2.37, 2.41, 3.67, 4.09	3.04
	全麦面粉	1.10, 1.14, 1.29, 1.82	1.22
	全麦面包	0.60, 0.75, 0.88, 1.00	0.82
	胚芽	0.97, 1.29, 1.36, 1.58	1.33

（续）

初级农产品	加工农产品/加工方式	加工因子	
		测定值	最佳值
玉米	油	6.0	
	淀粉	1.0	
	玉米粕	1.0	
	粗玉米粉	1.0	
	玉米粉	1.0	
葵花籽	籽	0.02	
	油	0.02	
棉籽	粕	0.07	
	壳	0.07	
	油（未加工）	0.08	
	油	<0.08	<0.08
油菜籽	油菜籽	0.53, 0.78, 0.89, 0.99	0.84
	毛油	0.81, 1.14, 1.20, 1.54	1.17
	菜籽油	0.67, 1.09, 1.13, 1.46	1.11
	籽	0.14, 0.51, 0.61, 0.63	0.56
	油	0.72, 1.14, 1.44, 1.93	1.29
	皂脚	0.32, 0.64, 0.69, 0.78	0.67
薄荷	薄荷精油	0.002	
啤酒花	冷却残渣（絮状）	0.02, 0.02, 0.02, 0.02	0.02
	啤酒酵母	<0.01, <0.01, 0.01, 0.01	0.01
	啤酒（冷的）	<0.02, <0.02, <0.01, <0.01	<0.06
	啤酒（冰冻）	0.02, <0.02, <0.01, <0.01	<0.06

21.5 信息来源：2006 Evaluation；2010 Report，Evaluation

22. bromopropylate 溴螨酯

22.1 JMPR 残留物定义（MRL 监测）：溴螨酯

22.2 JMPR 残留物定义（膳食摄入评估）：溴螨酯

22.3 GB 2763—2016 残留物定义（MRL 监测）：溴螨酯

22.4 加工因子

初级农产品	初级农产品残留量（mg/kg）	加工农产品	加工农产品残留量（mg/kg）
苹果	1.3～1.6	苹果汁	<0.02
柑橘（安全间隔期 21 d）		榨汁	<0.006, 0.04
葡萄（法国和南非）		葡萄酒	<0.02
啤酒花	2.2～4.9	啤酒	<0.005

22.5 信息来源：1993 Evaluation

23. buprofezin 噻嗪酮

23.1 JMPR 残留物定义（MRL 监测）：噻嗪酮

23.2 JMPR 残留物定义（膳食摄入评估）：噻嗪酮

23.3 GB 2763—2016 残留物定义（MRL 监测）：噻嗪酮

23.4 加工因子

农产品	残留量（噻嗪酮，mg/kg）	残留量（代谢物 BF-9，mg/kg）	残留量（代谢物 BF-12，mg/kg）
柑橘	0.27 (0.29, 0.24, 0.28)	<0.01 (<0.01, <0.01, <0.01)	<0.01 (<0.01, <0.01, <0.01)
精油	11.6 (12.2, 11.4, 11.1)	0.17 (0.17, 0.17, 0.17)	<0.05 (<0.05, <0.05, <0.05)
柑橘汁	0.049 (0.061, 0.036, 0.050)	0.01 (0.029, <0.01, <0.01)	0.01 (0.022, <0.01, <0.01)
干果	1.11 (0.98, 1.11, 1.23)	<0.1 (<0.1, <0.1, <0.1)	0.14 (0.16, 0.14, 0.13)

初级农产品	加工农产品/加工方式	加工因子中值
苹果	苹果汁	0.57
	苹果湿果渣	2.0
李子	李子干	3.0
樱桃	樱桃汁	<0.17
	樱桃酱	<0.17
葡萄	葡萄汁	0.58
	白葡萄酒	0.88
	红葡萄酒	0.60
	葡萄干	2.2
咖啡豆	烘焙	0.32
备注	BF-12：3-异丙基-5-苯基-1，3，5-噻二烷-2，4-二酮 (3-isopropyl-5-phenyl-1，3，5-thiadiazinane-2，4-dione) BF-9：1-异丙基-3-苯基脲 (1-isopropyl-3-phenylurea)	

23.5 信息来源：1995 Evaluation；1999 Evaluation；2008 Report；2009 Report；2012 Report；2014 Report

24. cadusafos 硫线磷

24.1 JMPR 残留物定义（MRL 监测）：硫线磷

24.2 JMPR 残留物定义（膳食摄入评估）：硫线磷

24.3 GB 2763—2016 残留物定义（MRL 监测）：硫线磷

24.4 加工因子

初级农产品	加工农产品/加工方式	加工因子	
		测定值	最佳值
马铃薯	马铃薯皮	0.6, 0.33, 0.5	0.48
	去皮	<0.5, <0.2, <0.33, <0.25	<0.32
	煮熟	<0.5, <0.2, <0.33, <0.25	<0.32

24.5 信息来源：2010 Report，Evaluation

25. captan 克菌丹

25.1 JMPR 残留物定义（MRL 监测）：克菌丹

25.2 JMPR 残留物定义（膳食摄入评估）：克菌丹

25.3 GB 2763—2016 残留物定义（MRL 监测）：克菌丹

25.4 加工因子

初级农产品	地点/年份（品种）	加工农产品/加工方式	克菌丹		THPI	
			残留量 (mg/kg)	加工因子	残留量 (mg/kg)	加工因子
柑橘	弗罗里达州/1981 (Hamlin)	全果	<0.03		<0.01	
		果肉（干）	<0.03		<0.01	
	弗罗里达州/1981 (Valencia)	全果	<0.03		<0.01	
		果肉（干）	<0.03		0.28	28
	弗罗里达州/1982 (Valencia)	全果	0.50		0.12	
		果肉（干）	<0.03	<0.06	0.04	0.1
	加利福尼亚州/1983 (Navel)	全果	2.7, 2.4		1.8, 1.3	
		柑橘汁	<0.01	<0.01	<0.01	<0.01
		精油	0.42	0.2	0.02	<0.01
		干果皮	<0.01	<0.01	0.10	0.04
	加利福尼亚州/1986 (Valencia)	全果	2.0, 1.5		0.03, 0.02	
		清洗	0.08	0.05	0.02	0.02
		清洗的果皮	0.02	0.01	0.08	0.09
		去皮的果	<0.01	<0.01	0.01	0.01
		CH_2Cl_2 清洗的全果	<0.01	<0.01	0.02	0.02
		商业化清洗的全果	0.19	0.1	<0.01	<0.01
		湿果皮	0.01	<0.01	0.12	0.1
		干果皮	<0.01	<0.01	<0.01	<0.01
		干果皮粉末	<0.01	<0.01	0.02	0.02
		柑橘汁	<0.01	<0.01	<0.01	<0.01
		糖蜜	<0.01	<0.01	<0.01	<0.01
		精油	<0.01	<0.01	<0.01	<0.01
	亚利桑那州/1986 (Valencia)	全果	2.3, 2.3		0.03, 0.04	
		清洗的果皮	0.23	0.1	0.47	0.4
		去皮的全果	0.01	<0.01	0.01	0.01
		清洗的全果	0.40	0.2	0.09	0.08
		CH_2Cl_2 清洗的全果	0.26	0.1	0.02	0.02

（续）

初级农产品	地点/年份（品种）	加工农产品/加工方式	克菌丹 残留量(mg/kg)	加工因子	THPI 残留量(mg/kg)	加工因子
柠檬	亚利桑那州/1986（Lisbon）	全果	7.0, 8.5		<0.01	
		去皮的全果	0.02	0.003	0.11	0.01
		果皮	0.51	0.07	1.7	0.2
		清洗的全果	1.3	0.2	0.08	0.01
		溶剂洗涤	0.92	0.1	0.16	0.02
	亚利桑那州/1986（Eureka）	全果	4.6, 4.5		0.08 (2), <0.01	
		洗涤的果皮	0.89	0.2	0.12	0.05
		柠檬汁	0.11	0.02	0.08	0.03
		清洗的全果	0.26	0.06	0.05	0.02
		溶剂洗涤	0.86	0.2	0.10	0.04
葡萄柚	亚利桑那州/1986（Marsh/Red Blush）	全果	2.4, 4.2		0.05, 0.09, <0.01	0.01
		去皮的全果	<0.01	<0.01	0.01	0.01
		清洗的果皮	0.32	0.1	0.52	0.3
		清洗的全果	0.59	0.2	0.04	0.02
		溶剂洗涤的全果	0.17	0.05	0.04	0.02
		干果皮	0.14, 0.11	0.04	0.16, 0.16	0.09
		干果皮粉末	0.13, 0.12	0.04	0.51, 0.12	0.2
		湿果皮	0.07, 0.06	0.02	0.17, 0.13	0.09
		精油	0.54, 1.1	0.24	0.16, 0.12	0.08
		糖蜜	<0.11, <0.11	<0.11	0.14, 0.06	0.06
		葡萄柚汁	<0.11	<0.11	<0.11	<0.11

初级农产品	加工农产品/加工方式	克菌丹 残留量(mg/kg)	加工因子	THPI 残留量(mg/kg)	加工因子
苹果（安全间隔期14 d）	全果	1.6		0.77	
	清洗	0.43	0.3	0.22	0.01
	苹果汁（未澄清）	0.08	0.05		
	苹果汁（巴氏灭菌，未澄清）	<0.05	<0.03		
	苹果泥	<0.05	<0.03		
	苹果干	<0.05	<0.03	<0.20	<0.1
苹果（Gloster，安全间隔期13 d）	全果	1.2		0.63	
	清洗	0.37	0.3	<0.20	<0.2
	苹果汁（未澄清）	0.12	0.1		
	苹果汁（巴氏灭菌，未澄清）	<0.05	<0.04		
	苹果泥	<0.05	<0.04		
	苹果干	<0.05	<0.04	<0.20	<0.2

（续）

初级农产品	加工农产品/加工方式	克菌丹		THPI	
		残留量（mg/kg）	加工因子	残留量（mg/kg）	加工因子
苹果（Golden Delicious，安全间隔期 14 d）	全果	2.2		2.7	
	清洗	1.2	0.5	0.59	0.2
	苹果汁（未澄清）	0.19	0.09		
	苹果汁（巴氏灭菌，未澄清）	<0.05	<0.02		
	苹果干	<0.05	<0.02	<0.02	<0.05

初级农产品	加工农产品/加工方式	克菌丹	
		残留量（mg/kg）	加工因子
樱桃（Edelfinger，安全间隔期 7 d）	全果	1.1	
	清洗	0.38	0.3
樱桃（Edelfinger，安全间隔期 14 d）	罐装	<0.002	<0.001
樱桃（Schattenmo‐relle，安全间隔期 7 d）	全果	2.9	
	清洗	0.89	0.3
	罐装	<0.002	<0.001
樱桃（Johanna，安全间隔期 7 d）	全果	3.7	
	清洗	1.8	0.5
	罐装	<0.002	<0.001

初级农产品	加工农产品	克菌丹		THPI	
		残留量（mg/kg）	加工因子	残留量（mg/kg）	加工因子
李子	全果	3.5，5.6		<0.05，<0.05	
	李子干	0.59	0.1	5.2	2.3

农产品	克菌丹		THPI	
	残留量（mg/kg）	加工因子	残留量（mg/kg）	加工因子
李子（安全间隔期 7 d）	0.69		0.05	
李子汁	0.46	0.7	1.0	1.3
红酒	<0.05	<0.07	0.69	0.9
李子（安全间隔期 14 d）	1.4		0.05	
李子汁	0.22	0.2	0.96	0.6
红酒	<0.05	<0.04	0.46	0.3
李子（安全间隔期 21 d）	3.4		0.1	
李子汁	0.27	0.08	1.3	0.2
红酒	<0.05	<0.01	0.38	0.1
李子（安全间隔期 7 d）	7.5		0.16	
李子汁	0.14	0.02	1.6	0.2
红酒	<0.05	<0.007	0.95	0.1
李子（安全间隔期 14 d）	4.7		0.11	
李子汁	2.5	0.5	2.2	0.4
红酒	<0.05	<0.01	1.4	0.3
李子（安全间隔期 21 d）	5.0		0.08	
李子汁	1.6	0.3	1.5	0.3
红酒	<0.05	<0.01	1.4	0.3

农产品	克菌丹		THPI	
	残留量（mg/kg）	加工因子	残留量（mg/kg）	加工因子
草莓（加利福尼亚州）	7.2，10		0.29，0.34	
清洗	1.2	0.1	0.42	0.1
清洗＋烹调	＜0.01	＜0.01	0.54	0.1
草莓（俄勒冈州，品种：Hood）	8.7，8.6		0.23，0.26	
清洗	1.1	0.1	0.04	0.01
清洗＋烹调	＜0.01	＜0.01	0.55	0.1
草莓（加利福尼亚州）	12，6.7		0.90，0.64	
清洗	0.27	0.03	0.37	0.07
清洗＋烹调	＜0.01	＜0.01	0.45	0.08

农产品	克菌丹		THPI	
	残留量（mg/kg）	加工因子	残留量（mg/kg）	加工因子
番茄	0.55，0.48		0.06，0.13	
湿果渣	0.10	0.2	0.09	0.3
干果渣	0.06	0.1	2.1	5.9
番茄糊	＜0.05	＜0.1	0.23	0.6
番茄汁	＜0.05	＜0.1	0.09	0.3
番茄泥	＜0.05	＜0.1	0.46	1.3
番茄	0.87，1.8		0.12，0.15	
湿果渣	＜0.05	＜0.04	0.14	0.1
干果渣	0.11	0.08	2.3	1.6
浓汤	＜0.05	＜0.04	0.38	0.3
番茄汁	＜0.05	＜0.04	0.12	0.08
番茄酱	＜0.05	＜0.04	0.73	0.5

初级农产品	加工农产品	克菌丹	
		残留量（mg/kg）	加工因子*
黄瓜（加利福尼亚州）	全果	0.03，0.10	
	清洗的全果	0.01	0.2
	清洗的果皮	0.02	0.3
	去皮的全果	＜0.01	＜0.2
	清洗，刨切，烹调	＜0.01	＜0.2
黄瓜（纽约州，品种：Marketmore76）	全果	1.2，0.91	
	清洗的全果	0.05	0.05
	清洗的果皮	0.15	0.1
	去皮的全果	＜0.01	＜0.01
	清洗，刨切，烹调	＜0.01	＜0.01
香瓜（加利福尼亚州，品种：45SJ）	全果	0.74，1.1	
	果皮	1.0	1.1
	去皮全果	＜0.01	＜0.01

（续）

初级农产品	加工农产品	克菌丹	
		残留量（mg/kg）	加工因子
香瓜（弗罗里达州，品种：Gold Star）	全果	0.35，0.36	
	果皮	0.16	0.4
	去皮全果	0.01	0.03
西葫芦（加利福尼亚州）	全果	0.12，0.14	
	清洗	0.01	0.08
	清洗，去皮的全果	<0.01	<0.08
	清洗的果皮	0.05	0.4
	刨切烹调的全果	<0.01	<0.08
西葫芦（纽约，品种：Ambassador）	全果	1.1，1.4	
	清洗的全果	0.05	0.04
	清洗，去皮的全果	<0.01	<0.01
	清洗的果皮	0.12	0.1
	刨切烹调的全果	<0.01	<0.01
备注	＊加工因子＝（加工农产品中代谢物 THPI 的残留量）÷（初级农产品中克菌丹残留量×0.503＋初级农产品中 THPI 残留量）。系数 0.503 是 THPI（151.2）分子量和克菌丹分子量（300.6）的比 THPI：1，2，3，6-四氢邻苯二甲酰亚胺（1，2，3，6-tetrahydrophthalimide） 		

25.5 信息来源：2000 Evaluation

26. carbaryl 甲萘威

26.1 JMPR 残留物定义（MRL 监测）：甲萘威

26.2 JMPR 残留物定义（膳食摄入评估）：甲萘威

26.3 GB 2763—2016 残留物定义（MRL 监测）：甲萘威

26.4 加工因子

初级农产品	加工农产品	加工因子
柑橘	柑橘汁	0.03
	果肉（干）	0.24
葡萄	干果渣	2
	葡萄干	1.2
	葡萄汁	0.65
橄榄	橄榄油	0.82
番茄	番茄汁	0.5
	番茄酱	2
甜玉米	甜玉米罐头废料	74

(续)

初级农产品	加工农产品	加工因子
大豆	大豆外壳	1.3
	大豆油	0.9
	豆粕	0.03
甜菜	糖蜜	<0.09
	精制糖	
	干浆	
	湿浆	
玉米	研磨	<0.4
	油	<0.4
	玉米粉	0.05
	面粉	1.5
	食用玉米油	3.3
稻谷	稻壳	3.3
	稻糠	0.68
	精米	0.02
小麦	麦麸	1
	面粉	0.09
	胚芽	0.49
葵花籽	毛油	0.18
	葵花籽粕	<0.06

26.5 信息来源：2002 Report

27. carbendazim 多菌灵

27.1 JMPR 残留物定义（MRL 监测）：苯菌灵、多菌灵、甲基硫菌灵之和，以多菌灵表示

27.2 JMPR 残留物定义（膳食摄入评估）：苯菌灵、多菌灵、甲基硫菌灵之和，以多菌灵表示

27.3 GB 2763—2016 残留物定义（MRL 监测）：多菌灵

27.4 加工因子：详细内容见"13. 苯菌灵"部分

27.5 信息来源：1998 Report，Evaluation

28. carbofuran 克百威

28.1 JMPR 残留物定义（MRL 监测）：克百威及 3-羟基克百威之和，以克百威表示

28.2 JMPR 残留物定义（膳食摄入评估）：克百威，游离 3-羟基克百威和 3-羟基克百威共轭物，以克百威表示

28.3 GB 2763—2016 残留物定义（MRL 监测）：克百威及 3-羟基克百威之和，以克百威表示

28.4 加工因子

初级农产品	加工农产品/加工方式	加工因子
葵花籽	壳	1.2
	粕	1.8
咖啡豆	速溶咖啡	0.05
	烘焙	0.05

28.5 信息来源：1997 Report，Evaluation

29. carbosulfan 丁硫克百威

29.1 JMPR 残留物定义（MRL 监测）：丁硫克百威

29.2 JMPR 残留物定义（膳食摄入评估）：丁硫克百威

29.3 GB 2763—2016 残留物定义（MRL 监测）：丁硫克百威

29.4 加工因子

初级加工农产品	加工农产品/加工方式	丁硫克百威加工因子	丁硫克百威＋3-羟基克百威加工因子
柑橘	柑橘汁		0.01
	蜜饯	0.12	1.1
	果肉	0.82	2.9
	精油	7.2	7.1

29.5 信息来源：1997 Report；2003 Evaluation

30. chlorantraniliprole 氯虫苯甲酰胺

30.1 JMPR 残留物定义（MRL 监测）：氯虫苯甲酰胺

30.2 JMPR 残留物定义（膳食摄入评估）：氯虫苯甲酰胺

30.3 GB 2763—2016 残留物定义（MRL 监测）：氯虫苯甲酰胺

30.4 加工因子

初级农产品	加工农产品/加工方式	加工因子	
		测定值	最佳值
苹果	干果渣	9.3, 11, 12, 13	11.5
	苹果汁	<0.06, <0.09, <0.19, <0.19	<0.14
	苹果泥	0.09, 0.09, <0.19, <0.19	0.09
	苹果酱	<0.09, <0.19, <0.19, 0.27	0.27
	果酱，罐装	<0.06, <0.09, <0.19, <0.19	<0.14
李子	李子干	1.9	
葡萄	干果渣	6.1, 12	9
	葡萄汁	0.43, 0.46, 1.0, 1.7	0.73
	葡萄干	2.7, 2.9, 4.0, 7.1	3.45
	白葡萄酒	<0.15, <0.29	<0.22
	红酒	0.76, 1.6	1.18
番茄	罐装番茄	<0.2, 0.23, 0.33, 0.65	0.28
	番茄汁	0.57, 0.78, 0.89, 1.1	0.835
	番茄酱	0.72, 0.74, 1.2, 1.6	0.98
	番茄泥	1.2, 1.4, 1.5, 1.7	1.45
	番茄糊	0.61, 1.1, 2.0, 2.4	1.55
	新鲜果渣	1.2, 1.4	1.3
棉籽	棉籽壳	2.1	
	棉粕	0.75	
	棉籽油	0.25	

(续)

初级农产品	加工农产品/加工方式	加工因子	
		测定值	最佳值
小麦	分选谷物颗粒	33	
	麦麸	1.04	
	面粉	0.38	
	麦麸	0.28	
	低级面粉	0.7	
	胚芽	1.13	
柑橘	柑橘汁	0.17	
稻谷	稻糠	1.7	
	稻壳	3.3	

30.5 信息来源：2008 Report；2013 Report，Evaluation；2014 Report，Evaluation

31. chlorfenapyr 虫螨腈

31.1 JMPR 残留物定义（MRL 监测）：虫螨腈

31.2 JMPR 残留物定义（膳食摄入评估）：无

31.3 GB 2763—2016 残留物定义（MRL 监测）：虫螨腈

31.4 加工因子

初级农产品	加工农产品/加工方式	加工因子	
		测定值	最佳值
柑橘	湿皮渣	1.08，0.99	1.0
	干皮渣	0.55，0.87，2.3，2.4	1.6
	精油	3.1，17，23，70	70
马铃薯	湿果渣	63	
	干果渣	157	

31.5 信息来源：2012 Report

32. chlormequat 矮壮素

32.1 JMPR 残留物定义（MRL 监测）：矮壮素阳离子

32.2 JMPR 残留物定义（膳食摄入评估）：矮壮素阳离子

32.3 GB 2763—2016 残留物定义（MRL 监测）：矮壮素阳离子，以氯化物表示

32.4 加工因子

初级农产品	加工农产品/加工方式	加工因子
油菜籽	毛油	<0.018
大麦	去皮大麦粒	0.06
	麦芽	0.69
	啤酒	0.015
燕麦	燕麦片	0.21

(续)

初级农产品	加工农产品/加工方式	加工因子
黑麦	黑麦麸	3.2
	面粉	0.99
	全麦面粉	1.3
	全麦面包	0.95
小麦	麦麸	3.6
	面粉	0.41
	全麦面粉	1.2
	全麦面包	0.71

32.5 信息来源：1994 Evaluation；2000 Evaluation

33. chlorothalonil 百菌清

33.1 JMPR 残留物定义（MRL 监测）：百菌清

33.2 JMPR 残留物定义（膳食摄入评估）：

植物源食品：百菌清和 SDS-3701（2，5，6-三氯-4-羟基异酞腈）应分别考虑

动物源食品：SDS-3701（2，5，6-三氯-4-羟基异酞腈）

33.3 GB 2763—2016 残留物定义（MRL 监测）：百菌清

33.4 加工因子

初级农产品	加工农产品/加工方式	加工因子（百菌清）	
		测定值	最佳值
葡萄	红酒	<0.01 (6)，<0.02，<0.02	<0.01
	葡萄干	0.01，0.51	0.26
	葡萄汁（未高温灭菌）	0.02，0.26	0.14
	湿果渣	0.61，1.9	1.3
	干果渣	0.33，1.5	0.78

初级农产品	加工农产品/加工方式	加工因子（代谢物 SDS-3701）	
		测定值	最佳值
葡萄	红酒	<0.11，<1，<1	<0.11
	葡萄干	0.57，1	0.79
	葡萄汁（未高温灭菌）	<0.25，<0.29	<0.27
	湿果渣	0.86，1.5	1.2
	干果渣	2.8，3.4	3.1

备注	SDS-3701：2，5，6-三氯-4-羟基异酞腈 (2，5，6-trichloro-4-hydroxyisophthalonitrile)

33.5 信息来源：2010 Report

34. chlorpropham 氯苯胺灵

34.1 JMPR 残留物定义（MRL 监测）：氯苯胺灵

34.2 JMPR 残留物定义（膳食摄入评估）：氯苯胺灵

34.3 GB 2763—2016 残留物定义（MRL 监测）：氯苯胺灵

34.4 加工因子

初级农产品	加工农产品/加工方式	加工因子
马铃薯	煮熟	0.33
	煮熟，去皮	0.027

34.5 信息来源：2001 Report

35. chlorpyrifos 毒死蜱

35.1 JMPR 残留物定义（MRL 监测）：毒死蜱

35.2 JMPR 残留物定义（膳食摄入评估）：毒死蜱

35.3 GB 2763—2016 残留物定义（MRL 监测）：毒死蜱

35.4 加工因子

初级农产品	加工农产品/加工方式	加工因子
苹果	苹果汁	0.15
	湿果渣	2.0
	干果渣	6.6
柑橘	柑橘汁	0.03
	果肉	2.6
	精油	6.4
葡萄柚	精油	3.8
	果肉	22
柠檬	精油	1.5
	果肉	3.2
橘柚	精油	4.0
	果肉	13
葡萄	葡萄干	0.22，0.20
	葡萄汁	0.06
	葡萄酒	0.08
番茄	番茄汁	0.18，0.2
	番茄泥	0.1
	番茄酱	0.16，0.2
玉米（黄色）	玉米粉	1.2
	面粉	1.8
	毛油	1.5
	成品油（干磨）	1.5
	毛油	3
	成品油（湿磨）	3.2

（续）

初级农产品	加工农产品/加工方式	加工因子
高粱	高粱面粉	0.2
小麦	麦麸	2.5
	面粉	0.2
	次粉	2.4
	研磨后的副产品	2.5
咖啡豆	烘焙	0.34
棉籽	棉籽壳	0.7
	棉籽粕	0.1
	棉籽油（天然）	1.4
	棉籽油	0.2
稻谷	粗糠	2.44
	稻糠	1.80
	糙米	0.13
	精米	0.07
大豆	大豆粕	<0.2
	大豆毛油	0.4
	大豆油	0.4
	大豆油	0.5

35.5 信息来源：2000 Report；2004 Report

36. chlorpyrifos-methyl 甲基毒死蜱

36.1 JMPR 残留物定义（MRL 监测）：甲基毒死蜱

36.2 JMPR 残留物定义（膳食摄入评估）：甲基毒死蜱

36.3 GB 2763—2016 残留物定义（MRL 监测）：甲基毒死蜱

36.4 加工因子

初级农产品	加工农产品/加工方式	加工因子
橙	橙汁	0.046
苹果	苹果汁	<0.08
	苹果湿果渣	6.5
	苹果干果渣	3.1
葡萄	葡萄渣（湿）	4.2
	葡萄渣（干）	>7.5
	葡萄酒	<0.15
	葡萄干	<0.09
番茄	番茄汁	<0.033
大麦	啤酒	<0.001

（续）

初级农产品	加工农产品/加工方式	加工因子
小麦	麦麸	2.45
	面粉	0.25
	胚芽	1.9
	全麦粉	1
	白面包	0.05
	全麦面包	0.48
稻谷	糙米	0.22
	精米	0.034
	稻糠	1.67
	烹饪的精米	0.012

36.5 信息来源：2009 Report；2013 Report，Evaluation

37. clethodim 烯草酮

37.1 JMPR 残留物定义（MRL 监测）：烯草酮及其代谢物，包括 5-（2-异丙基）环己烯-3-酮和 5-（2-异丙基）-5-羟基环己烯-3-酮，及其亚砜和砜类，以烯草酮表示

37.2 JMPR 残留物定义（膳食摄入评估）：烯草酮及其代谢物，包括 5-（2-异丙基）环己烯-3-酮和 5-（2-异丙基）-5-羟基环己烯-3-酮，及其亚砜和砜类，以烯草酮表示

37.3 GB 2763—2016 残留物定义（MRL 监测）：烯草酮及代谢物亚砜、砜之和，以烯草酮表示

37.4 加工因子

初级农产品	加工农产品/加工方式	加工因子 （代谢物为 DME 与 DME-OH 之和）
油菜籽	毛油	<0.3
	菜籽粕	0.96
	菜籽粕	2.54
棉籽	粕	1.69
	壳	1.22
	毛油	0.22
	油	0.1
	皂脚	1.06
	棉籽（脱绒）	1.1
花生仁	粕	2.4
	毛油	0.4
	油	0.09
	皂脚	2.5
大豆	粕	0.95
	壳	0.91
	毛油	0.1
	油	<0.003
	皂脚	1.2
	脱胶油	0.06
	粗卵磷脂	1.5

(续)

初级农产品	加工农产品/加工方式	加工因子 (代谢物为 DME 与 DME-OH 之和)
葵花籽	壳	1.3
	粕	2
	毛油	0.2
	油	<0.006
番茄	湿果渣	0.94, 0.83
	干果渣	3.1, 3.3
	番茄糊	2.2
	番茄糊	3.5, 3.0
	番茄泥	0.90, 0.77
备注	DME: 二甲基 3-[2-(乙基砜)丙基]戊二酸 DME-OH: 3-羟基 DME	

37.5 信息来源: 1999 Evaluation

38. clofentezine 四螨嗪

38.1 JMPR 残留物定义(MRL 监测):四螨嗪

38.2 JMPR 残留物定义(膳食摄入评估):四螨嗪

38.3 GB 2763—2016 残留物定义(MRL 监测):四螨嗪

38.4 加工因子

初级农产品	加工农产品/加工方式	加工因子	
		测定值	最佳值
橙	橙汁	<0.08, <0.11, <0.14, 0.14, <0.17, <0.17, <0.17, <0.20, <0.25, <0.25, <0.33, <0.33,	0.14
苹果	湿果渣	<0.50, 1.20, 1.50, 1.50, 2.00, 2.00, 2.00, 2.00, 2.11, 2.40, 3.00, 3.44, 5.50, 5.69, 5.79, 6.00	2.06
	苹果汁	0.016, 0.11, 0.20, <0.5, <0.5, <0.5,	0.11
葡萄	葡萄干	0.22, 0.28, 0.64, <0.67, 1.09, 1.12, 1.70, 2.33, 2.92	1.11
	湿果渣	1.88, 1.89	1.89
	白葡萄酒	<0.042, 0.50, 0.50	<0.042

38.5 信息来源:2007 Reprot

39. clothianidin 噻虫胺

39.1 JMPR 残留物定义(MRL 监测):噻虫胺

39.2 JMPR 残留物定义(膳食摄入评估):噻虫胺

39.3 GB 2763—2016 残留物定义(MRL 监测):噻虫胺

39.4 加工因子

初级农产品	加工农产品/加工方式	加工因子	
		测定值	最佳值
苹果	苹果湿果渣	0.24[a]·1.4, 1.5, 1.5[b]	0.24[a]
	苹果汁	0.14[a], 1.0, 1.0, 1.0[b]	0.14[a]
李子	李子干	1.5, 2.0[b]	1.75[b]
葡萄	葡萄干	1.6, 3.6[a]	2.6[a]
	葡萄汁	1.1, 1.8[a]	1.45[a]
	葡萄渣	1.9[a]	1.9[a]
番茄	番茄酱	1.2[a], 2.00, 2.38, 3.33, 3.75, 5.50, 5.78, 6.0, 6.0, 6.5, 6.5, 9.7, 11.3[b]	5.9[b]
甜菜	干浆	1.7[a]	
	糖蜜	3.2[a]	
棉籽	棉籽粕	0.1[a]	
	棉籽壳	0.76[a]	
	棉籽油	<0.077[a]	
咖啡豆	烘焙	<0.33, <0.33, <0.33, <0.33, <0.33, <0.50, <0.50, <0.50, <0.50, <0.50[b]	<0.33[b]
芒果	芒果肉（干）	5.67, 8.40, 7.00, 4.00	6.3
薄荷	薄荷精油	<0.22, <0.19	<0.20

注：a 来源 2010 噻虫胺的评价中噻虫胺的使用；b 来源 2010 噻虫嗪的评价中噻虫嗪的使用（代谢产物 CGA322704）

39.5 信息来源：2010 Report；2011 Report；2014 Report，Evaluation

40. cyazofamid 氰霜唑

40.1 JMPR 残留物定义（MRL 监测）：

植物源食品：氰霜唑

动物源食品：未明确

40.2 JMPR 残留物定义（膳食摄入评估）：

植物源食品：长期膳食摄入：氰霜唑和 CCIM［4-氨-5-（4-甲苯基）-1H-咪唑-2 腈］，以氰霜唑表示。

短期膳食摄入：CCIM

动物源食品：未明确

40.3 GB 2763—2016 残留物定义（MRL 监测）：氰霜唑及其代谢物 CCZM

40.4 加工因子

初级农产品	加工农产品/加工方式	加工因子
葡萄	葡萄干	0.22
	葡萄汁	0.59
	葡萄酒	0.5
番茄	番茄酱	0.72
	番茄糊	0.45
啤酒花	啤酒	0.002
备注	CCIM:	

40.5 信息来源：2015 Report，Evaluation

41. cyantraniliprole 溴氰虫酰胺

41.1 JMPR 残留物定义（MRL 监测）：溴氰虫酰胺

41.2 JMPR 残留物定义（膳食摄入评估）：溴氰虫酰胺

植物源食品（未加工）：溴氰虫酰胺

植物源食品（加工）：溴氰虫酰胺和 IN－J9Z38 之和，以溴氰虫酰胺表示

动物源食品：溴氰虫酰胺、IN－J9Z38、IN－MLA84、IN－N7B69 及 IN－MYX98 之和，以溴氰虫酰胺表示

41.3 GB 2763—2016 残留物定义（MRL 监测）：溴氰虫酰胺

41.4 加工因子

初级农产品	加工农产品/加工方式	加工因子	
		测定值	最佳值
马铃薯	马铃薯片	0.1	
	废料	0.1	
	去皮块茎	0.1	
	炸马铃薯条	0.1	
	湿皮	2.3	
	拣出的等外品	<1.0	
	炸薯条	0.1	
	带皮煮马铃薯	0.1	
	连皮微波马铃薯	<0.33	
菠菜	煮熟的叶	0.81 1.0，1.2	1.0
番茄	清洗番茄	0.15，0.17，<0.29	0.17
	剥皮番茄	<0.08，<0.08，0.1	<0.08
	晒干番茄	3.0，3.7，3.8	3.7
	罐头番茄	<0.02，<0.05，<0.08	<0.05
	番茄汁	<0.15，<0.17，0.19	<0.17
	湿果渣	0.75，1.0，2.2	1.0
	干果渣	1.7，3.2，4.0	3.2
	番茄泥	0.23，0.25，0.43	0.25
	番茄酱	0.62，0.86，1.0	0.86
李子	李子干	1.3，1.6，2.0	1.6
玉米	分选谷物颗粒	175，177.4	176
	玉米粕	0.22，0.44	0.33
	玉米面粉	0.22，0.33	0.27
	粗粉	<0.22，0.22	0.22
	干磨玉米油	<0.22，<0.22	<0.22
	湿磨玉米油	0.44，<0.22	0.33
	玉米淀粉	<0.22，<0.22	<0.22

（续）

初级农产品	加工农产品/加工方式	加工因子	
		测定值	最佳值
棉籽	棉籽原油（溶剂提取）		0.06
	棉籽精炼油（溶剂提取）		0.04
	棉粕（溶剂提取）		0.05
	棉籽壳		0.34
	棉籽原油（冷提取）		0.25
	棉籽精炼油（冷提取）		0.04
	棉粕（冷提取）		0.09
橙	橙汁		<0.03
	干浆		0.24
	湿浆		<0.33
	果渣		0.47
	糖蜜		0.59
	果酱		<0.06
	精油		8.5
	罐头		<0.03
苹果	清洗	0.46，0.58，0.63	0.58
	果泥	0.88，1.0，1.3	1.0
	罐头	0.04，0.13，0.15	0.13
	冷冻	0.62，0.96，1.5	0.96
	果汁	0.19，0.31，0.38	0.31
	湿果渣	0.77，1.0，1.2	1.0
	干果渣	2.0，2.7，3.9	2.7
	苹果酱	2.2，2.4，2.7	2.2
备注	IN－J9Z38： 2－［3－Bromo－1－（3－chloro－2－pyridinyl）－1H－pyrazol－5－yl］－3，4－dihydro－3，8－dimethyl－4－oxo－6－quinazolinecarbonitrile IN－MLA84： 2－［3－Bromo－1－（3－chloro－2－pyridinyl）－1H－pyrazol－5－yl］－1，4－dihydro－8－methyl－4－oxo－6－quinazolinecarbonitrile IN－N7B69： 3－Bromo－1－（3－chloro－2－pyridinyl）－N－［4－cyano－2－（hydroxymethyl）－6－［（methyl-amino）carbonyl］phenyl］－1H－pyrazole－5－carboxamide		

初级农产品	加工农产品/加工方式	加工因子	
		测定值	最佳值
备注	IN－MYX98： 3－Bromo－1－（3－chloro－2－pyridinyl）－N－［4－cyano－2［［（hydroxymethyl）amino］carbonyl］－6－methylphenyl］－1Hpyrazole－5－fl rboxamide IN－K7H19： 4－［［［3－Bromo－1－（3－chloro－2－pyridinyl）－1H－pyrazol－5－yl］carbonyl］amino］－5－methyl－1，3－benzenedicarboxamide IN－N5M09： 6－Chloro－4－methyl－11－oxo－11H－pyrido［2，1－b］quinazoline－2－carbonitrile IN－F6L99： 3－Bromo－N－methyl－1H－pyrazole－5－carboxamide		

41.5 信息来源：2013 Evaluation，2015 Evaluation

42. cycloxydim 噻草酮

42.1 JMPR 残留物定义（MRL 监测）：噻草酮，以及可氧化成 3－（3－thianyl）glutaric acid S－dioxide 和 3－hydroxy－3－（3－thianyl）glutaric acid S－dioxide 的代谢物和降解产物，以噻草酮表示

42.2 JMPR 残留物定义（膳食摄入评估）：噻草酮，以及可氧化成 3－（3－thianyl）glutaric acid S-dioxide 和 3－hydroxy－3－（3－thianyl）glutaric acid S-dioxide 的代谢物和降解产物，以噻草酮表示

42.3 GB 2763—2016 残留物定义（MRL 监测）：无

42.4 加工因子

初级农产品	加工农产品/加工方式	加工因子最佳值（n）
草莓	草莓酱	0.55 (4)
	罐装草莓	0.90 (4)
洋葱	洋葱，去皮	1.1 (2)
白菜	白菜，煮熟	0.56 (4)
	泡菜（巴氏灭菌）	0.78 (4)
番茄	番茄，罐装	0.57 (4)
	番茄汁	1.1 (4)
	番茄酱	1.8 (4)
	番茄（巴氏灭菌）	3.7 (4)
豌豆	豌豆，煮熟	0.7 (4)
	豌豆，罐装	0.2 (4)
胡萝卜	胡萝卜，煮熟	0.77 (4)
	胡萝卜，汁	0.50 (4)
马铃薯	马铃薯，去皮	1.3 (4)
	马铃薯，煮沸	1.5 (4)
	马铃薯，蒸熟	1 (4)
	炸薯条	1.3 (4)
油菜籽	菜籽油	<0.05 (4)
	油粕	1.5 (6)
葵花籽	葵花籽油	0.1 (2)

注：n表示试验次数，下同。

42.5 信息来源：2012 Report

43. cyflumetofen 丁氟螨酯

43.1 JMPR 残留物定义（MRL 监测）：
植物源食品：丁氟螨酯
动物源食品：丁氟螨酯和2-三氟甲基苯甲酸之和，以丁氟螨酯表示

43.2 JMPR 残留物定义（膳食摄入评估）：丁氟螨酯和2-三氟甲基苯甲酸之和，以丁氟螨酯表示

43.3 GB 2763—2016 残留物定义（MRL 监测）：无

43.4 加工因子

43.5 信息来源：2014 Report，Evaluation

初级农产品	加工农产品/加工方式	加工因子（丁氟螨酯）		加工因子（丁氟螨酯和2-三氟甲基苯甲酸，以丁氟螨酯表示）	
		测定值	最佳值	测定值	最佳值
橙	橙汁	<0.02，<0.08	0.05	<0.04，<0.022	0.031
	精油	102，137	120	88.0，133	111
	果酱	0.026，<0.08	0.026	0.059，<0.22	0.14
	果皮	2.86，2.97	2.92	2.56，2.67	2.6
	糖蜜	<0.02，<0.08	<0.06	<0.075，<0.502	0.28
	果渣	0.44，0.584	0.51	0.759，0.958	0.86

(续)

初级农产品	加工农产品/加工方式	加工因子（丁氟螨酯）		加工因子（丁氟螨酯和2-三氟甲基苯甲酸，以丁氟螨酯表示）	
		测定值	最佳值	测定值	最佳值
苹果	苹果酱	2.54，2.91	2.7	3.16，3.73	3.4
	苹果汁	0.197，0.268	0.23	0.224，0.299	0.26
	苹果干	0.17，0.825	0.50	0.21，0.876	0.54
	苹果罐头	0.035，0.175	0.10	0.076，0.202	0.14
	湿果渣	0.937，1.59	1.3	0.939，1.57	1.3
葡萄	葡萄干	0.65，0.93，1.88，4.64	2.0	0.86，1.1，2.47，4.65	2.3
	葡萄汁	0.064，0.11，0.2，0.25，<0.006，0.029，0.04	0.16	0.10，0.16，0.28，0.32	0.22
	葡萄酒	0.04		0.04，0.083，0.17，0.2	0.12
	未发酵葡萄汁	0.02，0.18，0.41，0.53	0.29	0.04，0.22，0.44，0.59	0.32
	湿果渣	1.1，0.02，3.39，4.22	2.2	1.1，3.03，3.3，3.97	2.9
番茄	番茄汁	<0.06，0.2	0.2	<0.2，0.38	0.38
	番茄罐头	<0.04，0.2	0.2	<0.1，0.3	0.3
	果泥	0.3，0.88	0.59	0.4，0.79	0.60
	果浆	0.2，0.4	0.3	1.2，2.2	1.7
	湿果渣	1.3，5.5	3.4	1.4，5.0	3.2

44. cyfluthrin 氟氯氰菊酯

44.1 JMPR 残留物定义（MRL 监测）：氟氯氰菊酯（异构体之和）

44.2 JMPR 残留物定义（膳食摄入评估）：氟氯氰菊酯（异构体之和）

44.3 GB 2763—2016 残留物定义（MRL 监测）：氟氯氰菊酯（异构体之和）

44.4 加工因子

初级农产品	加工农产品/加工方式	加工因子	
		测定值	最佳值
辣椒	辣椒（干）	7	
棉籽	壳	1.9	
	粕	0.08	
	毛油	1.9	
	油	1.2	
番茄	番茄汁	0.3	
	番茄酱	0.8	
	番茄浆，湿	6.5	
	番茄浆，干	22	
	番茄酱	0.7	
	番茄泥	1.8	

（续）

初级农产品	加工农产品/加工方式	加工因子	
		测定值	最佳值
大豆	分选谷物颗粒	2218	
橙	果肉（干）	5.3	
	糖浆	5.3	
	皮	1.2	
	精油	5.3	
	糖蜜	2.9	
	橙汁	<0.05	
苹果	干果渣	0.11，16	16
	苹果酱	<0.2，0.23	0.23
	清洗	0.54，0.8	0.67
	制干	0.2，<0.38	0.2
	苹果汁	<0.08，0.06，<0.2	<0.06
	浓缩苹果汁	<0.2	
棉籽	棉籽壳	1.9	
	棉籽（未脱绒）	0.3	
	棉粕	0.08	
	棉籽油（野生）	1.9	
	棉籽油	1.2	
	棉籽油（除臭）	1.4	
	皂脚	<0.08	
葵花籽	皮	1.1	
	粕	<0.05	
	毛油	2.3	
	油	1.1	

44.5 信息来源：2007 Report；2012 Report，Evaluation

45. cyhexatin 三环锡

45.1 JMPR 残留物定义（MRL 监测）：三环锡

45.2 JMPR 残留物定义（膳食摄入评估）：三环锡

45.3 GB 2763—2016 残留物定义（MRL 监测）：三环锡

45.4 加工因子

初级农产品	加工农产品/加工方式	加工因子
橙	橙汁	0.04
	果肉（干）	1.6
	精油	102
苹果	苹果汁	0.08
	湿果渣	1～>5（中值1.7）
	干果渣	<0.05，4

(续)

初级农产品	加工农产品/加工方式	加工因子
葡萄	葡萄汁	0.8
	葡萄酒	0.7
	葡萄干	0.3~2（中值 0.9）
	湿果渣	2.6
	干果渣	4.8

45.5 信息来源：2005 Report

46. cypermethrin 氯氰菊酯

46.1 JMPR 残留物定义（MRL 监测）：氯氰菊酯（异构体之和）

46.2 JMPR 残留物定义（膳食摄入评估）：氯氰菊酯（异构体之和）

46.3 GB 2763—2016 残留物定义（MRL 监测）：氯氰菊酯（异构体之和）

46.4 加工因子

农药	初级农产品	加工农产品/加工方式	加工因子	
			测定值	最佳值
高效氯氰菊酯	大麦	啤酒	<0.17，<0.5，<0.03，<0.04，<0.04，<0.09	<0.03
	葡萄	葡萄渣	1.8，2.4，2.8，3.2，3.2，3.3，4.6，5.7	3.2
		葡萄干	3.2，3.4，3.2，3.4	3.3
		葡萄酒	<0.17，<0.17，<0.2，<0.2，<0.08，<0.08，<0.2，<0.2	<0.08
	橄榄	油粕	0.08，0.09，0.12，0.25	0.11
		毛油	3.3，4.6，6.6，8.5，17.4，13.9	7.5
		油	6.1，7.2，9.3，12.7	8.2
		发酵	1.1，1.1，1.6，2.0	1.3
Zeta-氯氰菊酯	李子	李子干	3.6，2.8	3.2
高效氯氰菊酯	油菜籽	毛油	0.81，1.6	1.6
		油	1.0，1.3	1.2
	番茄	罐装	<0.11，<0.16，<0.16，<0.25	<0.11
		番茄汁	0.22，0.25，0.33，0.33	0.29
		番茄酱	<0.56，1.0，1.0，1.1，1.8	1.0
		番茄糊	0.33，0.5，0.5，<0.56，0.7	0.5
氯氰菊酯	小麦	麦麸	1.4，2.4，2.6	2.4
		面粉	0.27，0.43，<0.56	0.43
Zeta-氯氰菊酯	小麦	胚芽	<0.56	

（续）

农产品	加工农产品/加工方式	加工因子	
		测定值	最佳值
红茶	茶汤（3 g/450 ml，20 min）	0.008 3，0.008 5，0.008 8，0.011	0.009 9
	茶汤（3 g/150 ml，5 min）	<0.089，<0.13	
绿茶	茶汤（3 g/450 ml，20 min）	0.008 6，0.010，0.011，0.013	0.009 9

46.5 信息来源：2008 Report；2011 Report

47. cyproconazole 环丙唑醇

47.1 JMPR 残留物定义（MRL 监测）：环丙唑醇

47.2 JMPR 残留物定义（膳食摄入评估）：环丙唑醇

47.3 GB 2763—2016 残留物定义（MRL 监测）：环丙唑醇

47.4 加工因子

初级农产品	加工农产品/加工方式	加工因子
油菜籽	油粕	0.83
	毛油	0.86（4）
	油粕（溶剂萃取）	0.25
	油	0.08（4）
大豆	豆粕	0.64（4）
	壳	0.75（4）
	油	1.8（4）
咖啡豆	烘焙	1.3
	速溶咖啡	1.6

47.5 信息来源：2010 Report；2013 Report，Evaluation

48. cyprodinil 嘧菌环胺

48.1 JMPR 残留物定义（MRL 监测）：嘧菌环胺

48.2 JMPR 残留物定义（膳食摄入评估）：嘧菌环胺

48.3 GB 2763—2016 残留物定义（MRL 监测）：嘧菌环胺

48.4 加工因子

初级农产品	加工农产品/加工方式	加工因子
苹果	湿果渣	3.5
	苹果汁	0.03
大麦	啤酒	<0.01
李子	李子干	0.15
葡萄	葡萄汁	0.078
	葡萄酒	2.1
	葡萄干	1.7

（续）

初级农产品	加工农产品/加工方式	加工因子
番茄	番茄汁	0.17
	番茄泥	0.52
	番茄酱	0.86，2.3
小麦	麦麸	3.0
	面粉	0.27
	全麦面粉	0.92
	全麦面包	0.52

48.5 信息来源：2003 Report；2013 Report，Evaluation；2015 Report，Evaluation

49. cyromazine 灭蝇胺

49.1 JMPR 残留物定义（MRL 监测）：灭蝇胺

49.2 JMPR 残留物定义（膳食摄入评估）：灭蝇胺

49.3 GB 2763—2016 残留物定义（MRL 监测）：灭蝇胺

49.4 加工因子

初级农产品	加工农产品/加工方式	加工因子
番茄	清洗	0.71
	罐装	0.53
	番茄汁	0.75
	番茄酱	0.84
	干果渣	2.8
	果泥	1.2
	番茄糊	2.1
马铃薯	去皮/冲洗	0.9
	马铃薯片	1.3
	小块马铃薯	2.8

49.5 信息来源：2007 Report；2012 Report，Evaluation

50. 2,4-D 2,4-滴

50.1 JMPR 残留物定义（MRL 监测）：2,4-滴

50.2 JMPR 残留物定义（膳食摄入评估）：2,4-滴

50.3 GB 2763—2016 残留物定义（MRL 监测）：2,4-滴

50.4 加工因子

初级农产品	加工农产品/加工方式	加工因子
柑橘	柑橘汁	0.1
	精油	<1

50.5 信息来源：2001 Report；2004 Evaluation

51. deltamethrin 溴氰菊酯

51.1 JMPR 残留物定义（MRL 监测）：溴氰菊酯、反式-溴氰菊酯和 α-R-溴氰菊酯之和

51.2 JMPR 残留物定义（膳食摄入评估）：溴氰菊酯、反式-溴氰菊酯和 α-R-溴氰菊酯之和

51.3 GB 2763—2016 残留物定义（MRL 监测）：溴氰菊酯（异构体之和）

51.4 加工因子

初级农产品	加工农产品/加工方式	加工因子
柑橘	柑橘汁	0.1
	精油	<1
苹果	湿果渣	5.7
	苹果汁	<0.09
橄榄	毛油	1.5
	油	1.6
番茄	泥	<0.1
	糊	<0.1
稻谷	稻壳	4.5
	碾磨制品	0.21
	糙米	0.15
	稻糠	1.5
	精米	<0.06
干磨玉米	胚芽	0.32
	油	18
小麦	麸	3.3
	面粉	0.31
	粗粉	0.7
	次粉	0.79
	胚芽	1.2
	全麦面粉	0.91
	面包	0.14
	全麦面包	0.42
	切片面包	0.5
	馒头	0.14
	黄色碱面条	0.17
	面条	0.13
高粱	面粉	0.33
	淀粉	0.04

51.5 信息来源：2002 Report

52. diazinon 二嗪磷

52.1 JMPR 残留物定义（MRL 监测）：二嗪磷

52.2 JMPR 残留物定义（膳食摄入评估）：二嗪磷

52.3 GB 2763—2016 残留物定义（MRL 监测）：二嗪磷

52.4 加工因子

初级农产品	加工农产品/加工方式	残留量（二嗪磷，mg/kg）	加工因子
苹果（安全间隔期 0 d）	果实	0.98	
	拣出的等外品	2.2	1.43
	湿果渣	1.4	0.02
	干果渣	0.02	<0.01
	新鲜苹果汁	<0.01	<0.01
	苹果汁，罐头	<0.01	<0.01
	切片，罐头	<0.01	<0.01
	切片，冷冻	<0.01	<0.01
	苹果酱	<0.01	<0.01
苹果（安全间隔期 21 d）	果实	0.04	
	果实，清洗	0.02	0.5
	清洗的水	<0.01	<0.25
	果实核部	0.02	0.5
	果皮，清洗	0.32	8
	果实，去皮清洗	<0.01	<0.25
	果实，去皮烤干	<0.01	<0.25
	整个果实，烤干	0.05	1.25
苹果（安全间隔期 21 d）	果实	0.07	
	果实，清洗	0.1	1.4
	清洗的水	<0.01	<0.14
	果实核部	0.02	0.29
	果皮，清洗	0.43	6.1
	果实，去皮清洗	<0.01	<0.14
	果实，去皮烤干	<0.01	<0.14
	整个果实，烤干	0.08	1.1
橄榄	毛油		3～5

52.5 信息来源：1993 Report；1999 Report，Evaluation

53. dicamba 麦草畏

53.1 JMPR 残留物定义（MRL 监测）：

植物源食品：麦草畏

动物源食品：麦草畏和 DCSA 之和，以麦草畏表示

53.2 JMPR 残留物定义（膳食摄入评估）：

植物源食品：麦草畏和 5-OH 麦草畏总量，以麦草畏表示

动物源食品：麦草畏和 DCSA 之和，以麦草畏表示

53.3 GB 2763—2016 残留物定义（MRL 监测）：麦草畏

53.4 加工因子

初级农产品	加工农产品/加工方式	加工因子（麦草畏）	加工因子总残留（mg/kg）
大豆	油	<0.019	<0.036
	豆粕	0.35	0.36
	大豆皮	3.9	3.8
	大豆粉尘	676	669
玉米	磨粉	0.26	0.28
	粗粉	0.20	0.22
	淀粉	0.069	0.095
	毛油	<0.029	<0.058
小麦	麦麸	0.99	1.0
	磨粉	0.052	<0.070
	小麦粉尘		11
甘蔗	糖浆	42	24
	甘蔗渣	17	6.6
	白糖	<0.77	<0.37
棉籽	棉籽粕	<0.16	0.92
	油	<0.01	<0.02
备注	DCSA：3，6-二氯水杨酸		

53.5 信息来源：2010 Evaluation；2011 Report

54. dichlobenil 敌草腈

54.1 JMPR 残留物定义（MRL 监测）：2，6-二氯苯甲酰胺

54.2 JMPR 残留物定义（膳食摄入评估）：2，6-二氯苯甲酰胺

54.3 GB 2763—2016 残留物定义（MRL 监测）：无

54.4 加工因子

初级农产品	加工农产品/加工方式	加工因子
葡萄	葡萄汁	1.4
	葡萄干	2.8

54.5 信息来源：2014 Report，Evaluation

55. dichlorvos 敌敌畏

55.1 JMPR 残留物定义（MRL 监测）：敌敌畏

55.2 JMPR 残留物定义（膳食摄入评估）：敌敌畏

55.3 GB 2763—2016 残留物定义（MRL 监测）：敌敌畏

55.4 加工因子

初级农产品	加工农产品/加工方式	加工因子
小麦	麦麸	1.73
	胚芽	1.02
	磨粉	0.10
	全麦粉	0.40
	麦麸	1.78
	低级面粉	0.10
	特级面粉	0.09
	面包	1.00
精面粉	面包	0.33
	面条	0.60
全麦粉	全麦面包	0.14
	薄干脆饼	2.25
稻谷	精米	0.005
	糙米	0.16
	稻壳	5.47
	稻糠	1.05

55.5 信息来源：2012 Report，Evaluation

56. dicloran 氯硝胺

56.1 JMPR 残留物定义（MRL 监测）：氯硝胺

56.2 JMPR 残留物定义（膳食摄入评估）：氯硝胺

56.3 GB 2763—2016 残留物定义（MRL 监测）：无

56.4 加工因子

初级农产品	加工农产品/加工方式	加工因子
葡萄	葡萄汁	1.1
	湿果渣	1.5
	葡萄干	0
李子	李子干	1.8
番茄	番茄酱	1.9
	番茄泥	1.1

56.5 信息来源：1998 Report；2003 Report

57. dicofol 三氯杀螨醇

57.1 JMPR 残留物定义（MRL 监测）：三氯杀螨醇（o，p'-异构体和 p，p'-异构体之和）

57.2 JMPR 残留物定义（膳食摄入评估）：三氯杀螨醇（o，p'-异构体和 p，p'-异构体之和）

57.3 GB 2763—2016 残留物定义（MRL 监测）：三氯杀螨醇（o，p'-异构体和 p，p'-异构体之和）

57.4 加工因子

初级农产品	加工农产品/加工方式	加工因子
茶	茶汤	0.016
葡萄	葡萄干	5

57.5 信息来源：1992 Report；2012 Report

58. difenoconazole 苯醚甲环唑

58.1 JMPR 残留物定义（MRL 监测）

植物源食品：苯醚甲环唑

动物源食品：某醚甲环唑与 1-[2-氯-4-（氯苯氧基）-苯基]-2-（1，2，4-三唑）-1-基-乙醇的总和，以苯醚甲环唑表示。

58.2 JMPR 残留物定义（膳食摄入评估）：

植物源食品：苯醚甲环唑

动物源食品：苯醚甲环唑与 1-[2-氯-4-（氯苯氧基）-苯基]-2-（1，2，4-三唑）-1-基-乙醇的总和，以苯醚甲环唑表示

58.3 GB 2763—2016 残留物定义（MRL 监测）：苯醚甲环唑

58.4 加工因子

初级农产品	加工农产品/加工方式	加工因子	
		测定值	最佳值
苹果	苹果汁	<0.02，<1.0，<1.0	<0.02
	干果渣	15.4	
	果泥	0.14	
胡萝卜	罐头	0.02，0.03，0.05，0.12	0.04
	胡萝卜汁	0.02，0.05，0.06，0.12	0.055
葡萄	葡萄汁	<0.5	
	干果渣	9.3，10.3，14.0，15.4	
	葡萄干	1.01，1.4，2.1	
	葡萄酒	<0.18，<0.20，<0.20，<0.29，<0.33，<0.33，<0.33，<0.50，<0.50，<0.50，<0.50	<0.18
橄榄	油	1.19，1.40，1.50，1.51	1.4
	初压油	1.47，1.50，1.50，1.63	1.5
番茄	罐头	<0.05，0.06，0.07，0.08	0.065
	番茄汁	0.14，0.15，0.28，0.32	0.22
	番茄酱	0.54，0.58，0.74，1.00，0.57	0.66
	番茄泥	1.6	
柑橘	柑橘汁	<0.01	
	精油	47	
	果肉	4.0	
苹果	苹果汁	0.03	
	苹果果酱	9.5	
马铃薯	薯片	<0.024	
	薯条	0.073	
	皮	3.2	

(续)

初级农产品	加工农产品/加工方式	加工因子	
		测定值	最佳值
人参	干参包括红参	2.6	
	提炼物	7.0	
鲜人参	干人参	3.3	
大豆	豆粉	0.38	
	豆荚	2	
	油	0.8	
	分选谷物颗粒	622	
油菜籽	粕	0.55	
	油	0.05	

58.5 信息来源：2007 Report；2010 Report；2013 Report；2015 Report

59. diflubenzuron 除虫脲

59.1 JMPR 残留物定义（MRL 监测）：除虫脲

59.2 JMPR 残留物定义（膳食摄入评估）：除虫脲

59.3 GB 2763—2016 残留物定义（MRL 监测）：除虫脲

59.4 加工因子

初级农产品	加工农产品/加工方式	加工因子
橙	精油	68
苹果	苹果酱	<0.12
	苹果汁（巴氏灭菌）	<0.12
	湿果渣	1.7
	苹果汁	0.11
李子	李子干	1
蘑菇	装箱与堆积处理	0.43，2.5
小麦	麦麸	1.9，2.3
	低级面粉	0.32，0.34，0.35
	比勒面粉	0.15，0.17，0.18
	面包	0.20，0.22，0.23
	全麦粉	0.62，72，74
	全麦面包	0.40，0.47，0.49

59.5 信息来源：2002 Report；2011 Report

60. dimethipin 噻节因

60.1 JMPR 残留物定义（MRL 监测）：噻节因

60.2 JMPR 残留物定义（膳食摄入评估）：噻节因

60.3 GB 2763—2016 残留物定义（MRL 监测）：噻节因

60.4 加工因子

初级农产品	加工农产品/加工方式	加工因子
棉籽	棉籽渣	0.2
	棉籽壳	0.8
	皂脚	<0.2
	毛油	<0.2
	油	<0.2

60.5 信息来源：2001 Report

61. dimethoate 乐果

61.1 JMPR 残留物定义（MRL 监测）：乐果

61.2 JMPR 残留物定义（膳食摄入评估）：乐果与氧化乐果的总和，分别计算

61.3 GB 2763—2016 残留物定义（MRL 监测）：乐果

61.4 加工因子

初级农产品	加工农产品/加工方式	加工因子	
		乐果	氧化乐果
橙	橙汁	0.14	0.21
	精油	0.19	0.07
番茄	番茄汁	0.11	0.17
	番茄泥	1.7	1
	番茄酱	2.9	1.4
	番茄沙司	1.8	1
马铃薯	马铃薯颗粒（片状）	0.12	
	油炸薯片	0.12	
棉籽	棉籽油	0.34	
玉米	玉米粕	0.34	
	玉米粗粮	0.34	
	玉米粉	0.34	
	玉米淀粉	0.17	
	玉米油	0.17	

61.5 信息来源：1998 Report

62. dimethomorph 烯酰吗啉

62.1 JMPR 残留物定义（MRL 监测）：烯酰吗啉（异构体之和）

62.2 JMPR 残留物定义（膳食摄入评估）：烯酰吗啉（异构体之和）

62.3 GB 2763—2016 残留物定义（MRL 监测）：烯酰吗啉

62.4 加工因子

初级农产品	加工农产品/加工方式	加工因子	
		测定值	最佳值
葡萄	红酒	0.06, 0.12, 0.16, 0.17, 0.17, 0.17, 0.17, 0.22, 0.24, 0.24, 0.25, 0.25, 0.27, 0.28, 0.29, 0.29, 0.30, 0.31, 0.34, 0.34, 0.35, 0.36, 0.38, 0.38, 0.47, 0.53, 0.58, 0.67, 0.69, 0.70, 0.8	0.29
	白酒	0.10, 0.12, 0.13, 0.14, 0.17, 0.18, 0.31, 0.43, 0.50, 0.51, 0.61, 1.24	0.24
	湿果渣（红酒）	1.6, 2.4, 2.7, 2.8, 3.1, 3.3, 4.1, 7.3	3.0
	湿果渣（白酒）	1.7, 2.3	2.0
	葡萄干	1.5, 2.1	1.8
番茄	番茄汁	0.5	
	番茄泥	2.4	
马铃薯	湿皮	6.4	
啤酒花	啤酒	0.0011, <0.0012, 0.0025, 0.0035	0.002
草莓	果酱	0.24, 0.43, 0.44, 0.54	0.435
	罐头	0.57, 1, 1.21, 1.52	1.11
洋葱	剥皮	0.02, 0.04, 0.12, 0.34	0.08
	干洋葱	0.03, 0.12, 0.04, 0.34	0.13
豌豆	烹煮	0.08, 0.17, 0.24, 0.26	0.21
	罐头	0.06, 0.08, 0.20, 0.24	0.14

62.5 信息来源：2007 Report；2014 Report

63. dinocap 敌螨普

63.1 JMPR 残留物定义（MRL 监测）：敌螨普的异构体和敌螨普酚的总量，以敌螨普表示

63.2 JMPR 残留物定义（膳食摄入评估）：敌螨普的异构体和敌螨普酚的总量，以敌螨普表示

63.3 GB 2763—2016 残留物定义（MRL 监测）：敌螨普的异构体和敌螨普酚的总量，以敌螨普表示

63.4 加工因子

初级农产品	加工农产品/加工方式	加工因子
葡萄	葡萄汁	0.07
	葡萄酒	0.07

63.5 信息来源：1998 Report

64. dinotefuran 呋虫胺

64.1 JMPR 残留物定义（MRL 监测）：
植物源食品：呋虫胺

动物源食品：呋虫胺与 1-甲基-3-（四氢化-3-呋喃甲基）尿素（UF）之和，以呋虫胺表示

64.2 JMPR 残留物定义（膳食摄入评估）：

植物源食品：呋虫胺与 1-甲基-3-（四氢化-3-呋喃甲基）尿素（UF）及 1-甲基-3-（四氢化-3-呋喃甲基）二氢胍（DN）的总和，以呋虫胺表示

动物源食品：呋虫胺与 1-甲基-3-（四氢化-3-呋喃甲基）尿素（UF）之和，以呋虫胺表示

64.3 GB 2763—2016 残留物定义（MRL 监测）：呋虫胺

64.4 加工因子

初级农产品	加工农产品/加工方式	加工因子	
		测定值	最佳值
葡萄	葡萄汁	0.95，1.4	1.2
	葡萄干	3.1，4.2	3.7
番茄	番茄泥	1.1，1.6，2.1	1.6
	番茄泥	3.3，4.6，5.2	4.6
马铃薯	块片	3.0，2.3	2.7
	薯条	2.1，1.5	1.9
稻谷	精米	0.02，0.05	0.04
	稻糠	0.42，0.85	0.64
	稻壳	3.8，5.4	4.6
棉籽	粕	0.27，0.47	0.37
	棉籽壳	0.29，0.72	0.51
	油	<0.05，<0.09	<0.07

64.5 信息来源：2012 Report

65. diphenylamine 二苯胺

65.1 JMPR 残留物定义（MRL 监测）：二苯胺

65.2 JMPR 残留物定义（膳食摄入评估）：二苯胺

65.3 GB 2763—2016 残留物定义（MRL 监测）：二苯胺

65.4 加工因子

初级农产品	加工农产品/加工方式	加工因子
苹果	苹果汁	0.051
	湿果渣	4.7
	干果渣	2.4

65.5 信息来源：2001 Report

66. diquat 敌草快

66.1 JMPR 残留物定义（MRL 监测）：敌草快阳离子

66.2 JMPR 残留物定义（膳食摄入评估）：敌草快阳离子

66.3 GB 2763—2016 残留物定义（MRL 监测）：敌草快阳离子，以二溴化合物表示

66.4 加工因子

初级农产品	加工农产品/加工方式	加工因子
大豆	去荚	2.6，3.6
	豆粕	0.7，1.0
	油	<0.04，<0.07
油菜籽	油粕	0.17，0.20，0.58，0.76
	油	<0.01，<003
葵花籽	油	<0.6
	葵花籽粕	1.2

66.5 信息来源：2013 Report

67. disulfoton 乙拌磷

67.1 JMPR 残留物定义（MRL 监测）：乙拌磷、内吸磷、亚砜及砜，以乙拌磷表示

67.2 JMPR 残留物定义（膳食摄入评估）：乙拌磷、内吸磷、亚砜及砜，以乙拌磷表示

67.3 GB 2763—2016 残留物定义（MRL 监测）：无

67.4 加工因子

初级农产品	加工农产品/加工方式	加工因子
咖啡豆	烘焙	<0.3
	速溶咖啡	<0.3
棉籽	棉籽壳	<1
	棉粕	<1
	精炼油	<1
玉米	分选谷物颗粒	10.3
	玉米淀粉	<0.25
	粗玉米粉	<0.25
	玉米粕	<0.25
	玉米面粉	<0.25
	精炼玉米油（湿磨法）	<0.25
	精炼玉米油（干磨法）	<0.25
玉米	玉米面粉	<1
	油粕	<1
	精炼玉米油	<1
	粗制玉米油	<1
	玉米粗粉	<1
	胚芽	<1
	油粕	<1
	皂脚	<1
马铃薯	马铃薯颗粒	1.4
	薯片	0.54
	湿皮	1.7
	干马铃薯	0.64
高粱	分选谷物颗粒	2.7

（续）

初级农产品	加工农产品/加工方式	加工因子
小麦	麦麸	0.94
	面粉	0.19
	胚芽	2.1
	次粉	0.41
	次粉	1.1
	分选谷物颗粒	1.3
	低级面粉	0.16
	特级面粉	0.05
	麦麸	0.39
	次粉	0.26
花生	花生仁	1
	油粕	＜1
	粗制油	6
	精炼油	1
	皂脚	2
番茄	番茄汁	＜0.27
	番茄糊	1.2
	番茄泥	1.73
	番茄浆，干	1.27
	番茄浆，湿	1

67.5 信息来源：1998 Report

68. dithianon 二氰蒽醌

68.1 JMPR 残留物定义（MRL 监测）：二氰蒽醌

68.2 JMPR 残留物定义（膳食摄入评估）：二氰蒽醌

68.3 GB 2763—2016 残留物定义（MRL 监测）：二氰蒽醌

68.4 加工因子

初级农产品	加工农产品/加工方式	加工因子
苹果	苹果汁	＜0.03
	果酱	＜0.03
	糖浆	＜0.04
	苹果罐头	＜0.06
	苹果干	0.1
	湿果渣	2.2
樱桃	樱桃汁	＜0.055
	樱桃罐头	＜0.055
	樱桃酱	＜0.055

（续）

初级农产品	加工农产品/加工方式	加工因子最佳值
李子	果泥	0.035
	李子干	0.515
酿酒葡萄	葡萄原汁	<0.0025
	葡萄汁	0.024
	葡萄酒	<0.003
	湿果渣	0.93
鲜食葡萄	葡萄干	1.64
啤酒花	啤酒	<0.0003

68.5 信息来源：2013 Report

69. dithiocarbamates 二硫代氨基甲酸盐（或酯）类农药

69.1 JMPR 残留物定义（MRL 监测）：二硫代氨基甲酸盐（或酯）类的总和，以酸化过程中二硫化碳形成的量判定，以 CS_2（mg/kg）表示

69.2 JMPR 残留物定义（膳食摄入评估）：二硫代氨基甲酸盐（或酯）类母体和亚乙基硫脲

69.3 GB 2763—2016 残留物定义（MRL 监测）：二硫代氨基甲酸盐（或酯），以二硫化碳表示

69.4 加工因子

初级农产品	加工农产品/加工方式	加工因子	
		代森锰锌	代谢物亚乙基硫脲
人参和红参	制干	1.5	4.2

69.5 信息来源：2014 Report

70. emamectin benzoate 甲氨基阿维菌素苯甲酸盐

70.1 JMPR 残留物定义（MRL 监测）：甲氨基阿维菌素 B1a 苯甲酸盐

70.2 JMPR 残留物定义（膳食摄入评估）：甲氨基阿维菌素 B1a 苯甲酸盐

70.3 GB 2763—2016 残留物定义（MRL 监测）：甲氨基阿维菌素（B1a 和 B1b 之和）

70.4 加工因子

初级农产品	加工农产品/加工方式	加工因子
苹果	湿果渣	5.1
	苹果汁	<0.7
棉籽	棉籽粕	<0.1
	棉籽壳	0.28
	棉籽油	0.38

70.5 信息来源：2011 Report

71. endosulfan 硫丹

71.1 JMPR 残留物定义（MRL 监测）：α-硫丹和 β-硫丹及硫丹硫酸酯之和

71.2 JMPR 残留物定义（膳食摄入评估）：α-硫丹和 β-硫丹及硫丹硫酸酯之和

71.3 GB 2763—2016 残留物定义（MRL 监测）：α-硫丹和 β-硫丹及硫丹硫酸酯之和

71.4 加工因子

初级农产品	加工农产品/加工方式	加工因子	
		测定值	最佳值
番茄	番茄汁	＜0.1，＜0.12，＜0.16，＜0.16，＜0.17，＜0.20，＜0.20，0.20，0.27，0.49	＜0.185
	番茄泥	0.16，0.33，0.59，1.0，1.62，1.63	0.59
	番茄酱	＜0.1，0.33，0.51，0.64，0.66	0.51
	去皮番茄罐头	0.075，0.1，＜0.20，＜0.20	0.15
	未去皮番茄罐头	0.33，0.44，0.50，0.50，1.0，1.1	0.50
大豆	初榨油	1.17，4.1，4.33	3.2
咖啡豆	粗咖啡粉	＜0.063	
	速溶咖啡	＜0.063	

71.5 信息来源：2006 Report；2010 Evaluation

72. esfenvalerate S-氰戊菊酯

72.1 JMPR 残留物定义（MRL 监测）：氰戊菊酯（异构体之和）

72.2 JMPR 残留物定义（膳食摄入评估）：氰戊菊酯（异构体之和）

72.3 GB 2763—2016 残留物定义（MRL 监测）：氰戊菊酯（异构体之和）

72.4 加工因子

初级农产品	加工农产品/加工方式	加工因子
番茄	番茄酱	0.46
	番茄汁	0.51

72.5 信息来源：2002 Report

73. ethephon 乙烯利

73.1 JMPR 残留物定义（MRL 监测）：乙烯利

73.2 JMPR 残留物定义（膳食摄入评估）：乙烯利

73.3 GB 2763—2016 残留物定义（MRL 监测）：乙烯利

73.4 加工因子

初级农产品	加工农产品/加工方式	加工因子	
		测定值	最佳值
苹果	苹果汁	＜0.4，0.4，0.5，＜0.8，1.5	0.5
	苹果酱	0.4，0.5，＜0.8，1.1	0.5
	苹果湿果渣	0.3，0.4，0.6，＜0.8，1.1	0.5
	苹果干果渣	2.0	2.0
葡萄	葡萄干	0.79，0.89，1.0，1.4，3.2，8.5	1.2
	葡萄汁	0.5，0.7，0.8，1.1	0.75
	未发酵葡萄汁	0.7，0.8，0.8，0.9，1.0，1.0	0.85
	葡萄酒	0.7，1.0，1.2，1.4，1.5，2.1	1.3
	葡萄渣（湿）	0.4，0.6，0.9，1.1	0.75

(续)

初级农产品	加工农产品/加工方式	加工因子	
		测定值	最佳值
橄榄	橄榄油（初榨精制）	<0.02，<0.03	<0.02
	鲜食橄榄油	<0.01，<0.02，<0.02，<0.03	<0.01
番茄	番茄汁	<0.1，0.1，<0.2，0.34	0.22
	番茄泥	<0.1，<0.1，<0.2，0.60	0.60
	番茄酱	0.5，0.6，0.75	0.60
	番茄蜜饯	<0.1，<0.2，0.2	0.2
	番茄渣（湿）	<0.1，<0.1，<0.2，0.52	0.52
	番茄渣（干）	1.9	
大麦	大麦粒	0.9	
	大麦壳	1.6	
小麦	面粉	0.1，0.2，<0.3	0.15
	胚芽粉	2.0	
	麦麸	1.4，3.1，3.5	3.1
棉籽	棉籽油	<0.02，<0.03，<0.03	<0.02
	棉粕	0.02，0.03，0.07	0.03
蔓越莓	蔓越莓酱	11.5，2.15	
	冷冻蔓越莓果酱	1.5	
菠萝	果肉	1.2	
	皮	5.3	
甜椒和辣椒	脱水	0.02～0.21	

73.5 信息来源：1994 Evaluation；2015 Report，Evaluation

74. ethion 乙硫磷

74.1 JMPR 残留物定义（MRL 监测）：乙硫磷

74.2 JMPR 残留物定义（膳食摄入评估）：未明确

74.3 GB 2763—2016 残留物定义（MRL 监测）：乙硫磷

74.4 加工因子

初级农产品	加工农产品/加工方式	加工因子
葡萄	葡萄干	2.7
	废料	9.9

74.5 信息来源：1994 Evaluation

75. etofenprox 醚菊酯

75.1 JMPR 残留物定义（MRL 监测）：醚菊酯

75.2 JMPR 残留物定义（膳食摄入评估）：醚菊酯

75.3 GB 2763—2016 残留物定义（MRL 监测）：醚菊酯

75.4 加工因子

初级农产品	加工农产品/加工方式	加工因子	
		测定值	最佳值
葡萄	葡萄汁[a]	<0.05，<0.04，<0.03，<0.01，<0.007	<0.03
	葡萄酒[a]	<0.05，<0.04，<0.03	<0.04
	葡萄干	2.5，1.6	2.1
苹果	苹果酱	0.32，0.29，<0.09	0.305[b]
	苹果汁	<0.09，<0.06，0.045	<0.06
	苹果罐头	<0.09	
	苹果渣	3.6，2.2，2.2	2.7
	苹果干果渣	13	
桃	桃汁	<0.32，<0.05，<0.04	<0.05
	桃酱	1.7，0.67，0.32	0.67
	桃罐头	<0.11	

注：a 农产品<0.01 残留水平；b 最佳值（两个最大值的平均值）。

75.5 信息来源：2011 Report

76. etoxazole 乙螨唑

76.1 JMPR 残留物定义（MRL 监测）：乙螨唑

76.2 JMPR 残留物定义（膳食摄入评估）：乙螨唑

76.3 GB 2763—2016 残留物定义（MRL 监测）：乙螨唑

76.4 加工因子

初级农产品	加工农产品/加工方式	残留量（mg/kg）	加工因子
柑橘	果皮	0.07	
	果肉	<0.01	
	整果	0.02	
	湿果渣	0.03	1.5
	干果渣	0.03	1.5
	柑橘汁	<0.01	<0.5
	罐头	<0.01	<0.5
	果酱	<0.01	<0.5
苹果（美国）	果实	0.267	
	果酱	1.524	5.7
	苹果汁	0.0029	0.01
李子	果实	<0.01	
	李子干	0.015	>1.5
葡萄（美国）	果实	0.103	
	葡萄汁	0.17	1.7
	果酱	0.115	1.1
棉籽（美国，DP 2379）	棉籽	0.12	
	粕	<0.05	<0.042
	棉籽壳	0.038	0.32
	油	0.024	0.20

（续）

初级农产品	加工农产品/加工方式	残留量（mg/kg）	加工因子
棉籽（美国，PM 2200 RR）	棉籽	0.083	
	粕	<0.005	<0.060
	棉籽壳	0.010	0.12
	油	0.010	0.12
薄荷	薄荷梢	5.3	
	薄荷精油	16	3.0

76.5 信息来源：2010 Report，Evaluation；2011 Report

77. famoxadone 噁唑菌酮

77.1 JMPR 残留物定义（MRL 监测）：噁唑菌酮

77.2 JMPR 残留物定义（膳食摄入评估）：噁唑菌酮

77.3 GB 2763—2016 残留物定义（MRL 监测）：噁唑菌酮

77.4 加工因子

初级农产品	加工农产品/加工方式	加工因子
葡萄	葡萄酒	<0.01
	葡萄汁	<0.01
	葡萄干	1.9
	湿果渣	2.0
	干果渣	3.6
番茄	番茄汁	0.22
	番茄糊	1.3
	湿番茄酱	2.1
	清洗番茄	0.28
	干番茄酱	15
	番茄汁	0.22
大麦	啤酒	<0.42
	珍珠麦粉尘	1.8
	酒糟	0.67
小麦	麦麸	2
	全麦面粉	<0.5
	面包	<0.5

77.5 信息来源：2003 Report

78. fenamidone 咪唑菌酮

78.1 JMPR 残留物定义（MRL 监测）：咪唑菌酮

78.2 JMPR 残留物定义（膳食摄入评估）：

植物源食品：咪唑菌酮、RPA 410193、10×（RPA 412636＋RPA 412708）的总和，以咪唑菌酮表示

动物源食品：咪唑菌酮、10×（RPA 412636＋RPA 412708）的总和，以咪唑菌酮表示

78.3 GB 2763—2016 残留物定义（MRL 监测）：无

78.4 加工因子

初级农产品	加工农产品/加工方式	加工因子（咪唑菌酮及其代谢物 RPA 410193 之和）
葡萄	葡萄汁	0.36
	未发酵的葡萄汁	0.83
	葡萄酒	0.71
番茄	番茄汁	0.8
	番茄泥	2.1
	番茄酱	2.4
	番茄糊	3.65
	番茄罐头	0.45
初级农产品	加工农产品	加工因子（咪唑菌酮）
葡萄	湿果渣	2.0
番茄	湿果渣	4.5
马铃薯	湿皮	＞2.3
备注	RPA410193： （S）－5－Methyl－5－phenyl－3－（phenylamino）－2，4－imidazolidine dione（IUPAC） 2，4－Imidazolidinedione，5－methyl－5－phenyl－3－（phenylamino）－，（5S）－（caS） caS No.：332855－88－6（S－Enantiomer）153969－11－0（Racemate） RPA412636： （S）－5－methyl－5－phenyl－2，4－imidazolidine－dione（IUPAC） 2，4－imidazolidinedione，5－methyl－5－phenyl－，（5S）（caS） caS No.：27539－12－4（S－Enantiomer）　6843－49－8（Racemate） RPA412708： （5S）－5－methyl－2－（methylthio）－5－phenyl－3，5－dihydro－4H imidazol－4－one（IUPAC） 4H－imidazol－4－one，3，5－dihydro－5－methyl－2－（methylthio）－5－phenyl－，（5S）－（caS） caS No.：332855－82－0（S－Enantiomer）　　151023－66－4（Racemate）

78.5 信息来源：2014 Report，Evaluation

79. fenamiphos 苯线磷

79.1 JMPR 残留物定义（MRL 监测）：苯线磷及其氧类似物（亚砜、砜化合物）之和，以苯线磷表示

79.2 JMPR 残留物定义（膳食摄入评估）：苯线磷及其氧类似物（亚砜、砜化合物）之和，以苯线磷表示

79.3 GB 2763—2016 残留物定义（MRL 监测）：苯线磷及其氧类似物（亚砜、砜化合物）之和，以苯线磷表示

79.4 加工因子

初级农产品	加工农产品/加工方式	加工因子
番茄	番茄汁	0.74
	番茄汁（灭菌）	0.88
	番茄酱	0.58
	罐头	0.72
柑橘	未清洗果皮	6.71
	清洗后果皮	8.57
	果皮碎片	3.28
	精油	64
	切碎的果皮	1.86
	榨干的果皮	5.71
	榨出液	2.86
	糖蜜	7
	柑橘汁	0.28
	果肉	0.14
苹果	湿果渣	4.86
	干果渣	17.7
	苹果汁	0.78
葡萄	葡萄干	1.57
	干果渣	5
	葡萄汁	<1
	湿果渣	<1
菠萝	初榨汁	0.6
	罐头菠萝汁	1.2
	菠萝皮渣	2.1
	干菠萝皮渣	2.5

79.5 信息来源：1999 Report，Evaluation；2006 Report

80. fenbuconazole 腈苯唑

80.1 JMPR 残留物定义（MRL 监测）：腈苯唑

80.2 JMPR 残留物定义（膳食摄入评估）：腈苯唑

80.3 GB 2763—2016 残留物定义（MRL 监测）：腈苯唑

80.4 加工因子

初级农产品	加工农产品/加工方式	加工因子	
		测定值	最佳值
柑橘类（酸橙和柠檬除外）	果汁	<0.204，<0.256	<0.23
	精油	49.0，66.7	58
	去皮制干	6.31，7.74	7.0
苹果	湿果渣		0.06
	苹果汁（未灭菌）		<0.16
花生仁	花生油粕		0.5
	花生油		1.3

80.5 信息来源：1997 Report；2009 Report，Evaluation；2012 Report；2013 Evaluation

81. fenbutatin oxide 苯丁锡

81.1 JMPR 残留物定义（MRL 监测）：苯丁锡

81.2 JMPR 残留物定义（膳食摄入评估）：苯丁锡

81.3 GB 2763—2016 残留物定义（MRL 监测）：苯丁锡

81.4 加工因子

初级农产品	加工农产品/加工方式	加工因子
柑橘	精油	6.6
	干果皮/干果肉	4.6
	果皮浆	2.5
	碎果皮/碎果肉	1.2
葡萄	湿果渣	4.3
	果干	4.3
	干果渣	18
	葡萄藤	1.8
	果梗废料	19
桃	风干	4.8~5.5
李子	李子干（含水量 18.5%）	2.5
	李子干（含水量 33%）	1.2

81.5 信息来源：1993 Evaluation

82. fenhexamid 环酰菌胺

82.1 JMPR 残留物定义（MRL 监测）：环酰菌胺

82.2 JMPR 残留物定义（膳食摄入评估）：环酰菌胺

82.3 GB 2763—2016 残留物定义（MRL 监测）：环酰菌胺
82.4 加工因子

初级农产品	加工农产品/加工方式	加工因子	
		测定值	最佳值
樱桃	樱桃汁	0.02	
	果酱	0.198，0.27	0.23
葡萄	葡萄汁	0.045，<0.06，<0.17，0.29，0.39，0.44，0.49，0.51，0.51，0.55，0.66，0.68，0.78，0.79，0.8，1.35	0.51
	果渣	0.19，0.24，0.4，0.43，0.53，0.9	0.415
	葡萄酒	0.2，0.2，0.2，0.21，0.22，0.23，0.24，0.27，0.28，0.29，0.31，0.34，0.4，0.42，0.46，0.5，0.9，0.9	0.28
	葡萄干	1.41，1.47，1.58，1.69，1.82，1.86，2.42，3，3.15，3.687，4.23	1.86
草莓	果酱	0.29	
番茄	番茄汁	0.3，0.38	0.34
	番茄酱	4.12，6.25	5.2
	番茄果酱	0.29，0.3	0.3

82.5 信息来源：2005 Report，Evaluation

83. fenitrothion 杀螟硫磷

83.1 JMPR 残留物定义（MRL 监测）：杀螟硫磷
83.2 JMPR 残留物定义（膳食摄入评估）：杀螟硫磷
83.3 GB 2763—2016 残留物定义（MRL 监测）：杀螟硫磷
83.4 加工因子

初级农产品	加工农产品/加工方式	加工因子	
		测定值	最佳值
小麦	麦麸	3.9，4	3.95
	面粉	0.21，0.26	0.235
	面包	0.089，0.11	0.1
	全麦面包	0.33，0.43	0.38
大麦	麦芽	0.16，0.24	0.2
稻谷	糙米	0.031~0.64（22）	0.64
	精米	<0.002~0.15（26）	0.15
	稻壳	0.12~10（21）	10
	稻糠	0.018~7.2（23）	7.2
	煮熟糙米	0.11	
	煮熟精米	0.04	
	清洗后精米	0.041~0.049（4）	0.046
	清洗后煮熟精米	0.006~0.033（13）	0.02

83.5 信息来源：2003 Report，Evaluation；2004 Evaluation corr. to 2003 report；2007 Report，Evaluation

84. fenpropathrin 甲氰菊酯

84.1 JMPR 残留物定义（MRL 监测）：甲氰菊酯

84.2 JMPR 残留物定义（膳食摄入评估）：甲氰菊酯

84.3 GB 2763—2016 残留物定义（MRL 监测）：甲氰菊酯

84.4 加工因子

初级农产品	加工农产品/加工方式	加工因子	
		测定值	最佳值
红茶	茶汤	0.03，<0.02，<0.06	0.03
红茶	茶汤	0.02，<0.01，<0.03	0.03
绿茶	茶汤	0.01，<0.008，<0.01，<0.02，<0.08	0.01
绿茶	茶汤	0.01，<0.004，<0.006，<0.01，<0.03	0.01

84.5 信息来源：1993 Report，Evaluation；2006 Report，Evaluation；2012 Report；2014 Report

85. fenpyroximate 唑螨酯

85.1 JMPR 残留物定义（MRL 监测）：唑螨酯

JMPR 在 2017 年评估时，将残留物定义为：植物源食品：唑螨酯；动物源食品：唑螨酯和代谢物 M-3、Fen-OH 之和，以唑螨酯表示

85.2 JMPR 残留物定义（膳食摄入评估）：唑螨酯

JMPR 在 2017 年评估时，将残留物定义为：植物源食品：唑螨酯和 Z 型异构体 M-1 之和；动物源食品：唑螨酯和代谢物 M-3、Fen-OH、M-5（自由态和轭合）之和，以唑螨酯表示

85.3 GB 2763—2016 残留物定义（MRL 监测）：唑螨酯

85.4 加工因子

初级农产品	加工农产品/加工方式	加工因子	
		测定值	最佳值
柑橘	柑橘汁	<0.13，<0.02，<0.02，	0.13
	果肉（干）	6.9，4.75，5.3	5.3
柠檬	柠檬汁		0.031
	精油		61
	果肉		2.1
葡萄	葡萄汁	<0.11	0.11
	湿果渣	2.8	
	干果渣	9.6	
	葡萄干	2.7	
	红酒	<0.07，<0.08，<0.07	<0.07
	葡萄干		1.1
	葡萄汁		0.92
	葡萄酒（<100 d）		0.30
	葡萄酒（>100 d）		0.036

（续）

初级农产品	加工农产品/加工方式	加工因子	
		测定值	最佳值
番茄/美国	番茄酱	0.69，0.38	0.54
	番茄泥	0.44，0.44	0.44
	番茄汁		0.22
	番茄酱		1.4
	湿果渣		3.3
苹果	苹果汁		0.42
	湿果渣		5.1
	果泥	＜0.83，＜0.24	＜0.54
啤酒花	啤酒	＜0.001 6，＜0.001 1，＜0.000 9，＜0.000 3	＜0.001
李子	李子干		1.73
	李子干		1.91
	李子汁		0.10
	蜜饯		0.50
	果泥		0.80
草莓	草莓汁		0.16
	蜜饯		0.62
	果酱		0.34

85.5 信息来源：1999 Report；2004 Report；2010 Report；2013 Report

86. fenthion 倍硫磷

86.1 JMPR 残留物定义（MRL 监测）：倍硫磷及其氧类似物（亚砜、砜化合物）之和，以倍硫磷表示

86.2 JMPR 残留物定义（膳食摄入评估）：倍硫磷及其氧类似物（亚砜、砜化合物）之和，以倍硫磷表示

86.3 GB 2763—2016 残留物定义（MRL 监测）：倍硫磷及其氧类似物（亚砜、砜化合物）之和，以倍硫磷表示

86.4 加工因子

初级农产品	加工农产品/加工方式	残留量（mg/kg）	加工因子	
			测定值	最佳值
苹果 （安全间隔期 18 d）	全果	0.22		
	清洗	0.12	0.5	
	酱（初级）	0.15	0.7	
	酱	0.11	0.5	
	苹果汁（初级）	0.2，0.18	0.9，0.8	0.9，0.8
	干果渣	0.96	4.4	
	桃	0.17，0.03，0.13		
	清洗	0.4，0.01，0.06	2.4，0.33，0.46	1.06
	果酱	0.06，0.01，0.01	0.35，0.33，0.08	0.25
	蜜饯	0.01，0.01，0.01	0.06，0.33，0.08	0.16
	桃汁	0.06，0.02，0.01	0.35，0.67，0.08	0.37

86.5 信息来源：1995 Report

87. fipronil 氟虫腈

87.1 JMPR 残留物定义（MRL 监测）：

植物源产品：氟虫腈

动物源产品：氟虫腈和氟甲腈（MB46136）之和，以氟虫腈表示

87.2 JMPR 残留物定义（膳食摄入评估）：

氟虫腈、氟甲腈（MB46136）、氟虫腈砜（MB46136）、氟虫腈亚砜（MB45950）之和，以氟虫腈表示

87.3 GB 2763—2016 残留物定义（MRL 监测）：氟虫腈、氟甲腈（MB46513）、氟虫腈砜（MB46136）、氟虫腈亚砜（MB45950）之和，以氟虫腈表示

87.4 加工因子

初级农产品	加工农产品/加工方式	氟虫腈＋氟甲腈（MB46136）残留量（以氟虫腈计算，mg/kg）	加工因子
马铃薯	根	0.0068	
	条	＜0.004	＜0.59
	片	＜0.004	＜0.59
	湿皮	0.056	8.2

初级农产品	加工农产品/加工方式	氟虫腈＋氟甲腈（MB46513）＋氟虫腈砜（MB46136）＋氟虫腈亚砜（MB45950）残留量（以氟虫腈计算，mg/kg）	加工因子
玉米	粕	＜0.008	＜0.025
	壳	0.042	0.12
	毛油	0.111	0.33
	油	0.074	0.22
玉米	粕	＜0.0126	＜0.044
	壳	0.062	0.21
	毛油	0.109	0.38
	油	0.097	0.34
玉米	毛油	＜0.024	＜0.77
玉米	毛油	＜0.031	0.21
甘蔗	甘蔗渣	0.0123	0.0621
	甘蔗汁	＜0.007	＜0.35
甘蔗	甘蔗渣	0.0154	0.778
	甘蔗汁	0.007	0.35
甘蔗	甘蔗渣	0.0213	0.587
	甘蔗汁	＜0.008	＜0.22
甘蔗	甘蔗渣	0.0283	0.934
	甘蔗汁	0.009	0.297
备注	MB45950：氟虫腈硫醚 5 - amino - 3 - cyano - 1 - (2, 6 - dichloro - 4 - trifluoromethylphenyl) - 4 - trifluoro - methylthio - pyrazole		

（续）

初级农产品	加工农产品/加工方式	氟虫腈＋氟甲腈残留量（以氟虫腈计算，mg/kg）	加工因子
备注	MB 46136：氟虫腈砜 5 - amino - 3 - cyano - 1 - (2，6 - dichloro - 4 - trifluoromethylphenyl) - 4 - trifluoro - methylsulphonyl - pyrazole MB46513：氟甲腈 5 - amino - 3 - cyano - 1 - (2，6 - dichloro - 4 - trifluoromethylphenyl) - 4 - trifluoro - methyl - pyrazole		

87.5 信息来源：1997 Report；2000 Report；2001 Report，Evaluation；2016 Report

88. flonicamid 氟啶虫酰胺

88.1 JMPR 残留物定义（MRL 监测）：

植物源食品：氟啶虫酰胺

动物源食品：氟啶虫酰胺和代谢物 TFNA - AM，以氟啶虫酰胺表示

88.2 JMPR 残留物定义（膳食摄入评估）：

植物源食品：氟啶虫酰胺

动物源食品：氟啶虫酰胺和代谢物 TFNA - AM，以氟啶虫酰胺表示

88.3 GB 2763—2016 残留物定义（MRL 监测）：氟啶虫酰胺

88.4 加工因子

初级农产品	加工农产品/加工方式	加工因子	
		测定值	最佳值
桃	桃罐头	0.3，0.5，0.3，3.3	0.3
	桃汁	1.0，1.0，0.3，0.5	0.8
	果酱	0.3，1.0，1.0，0.2	0.7
	果泥	0.7，1.0，1.0，0.8	0.9
李子	李子干	1.0	

（续）

初级农产品	加工农产品/加工方式	加工因子	
		测定值	最佳值
番茄	番茄糊	16.1	
马铃薯	薯条	0.95	
	薯片	2.7	
油菜籽	油	<0.1	
棉籽	油	<0.24（US），0.6 和 0.04（AUS）	0.32（AUS）
备注	TFNA－AM： 		

88.5 信息来源：2015 Report，Evaluation

89. fluazifop－P－butyl 精吡氟禾草灵

89.1 JMPR 残留物定义（MRL 监测）：精吡氟禾草灵、精吡氟禾草灵酸（II），及其共轭物之和，以精吡氟禾草灵酸表示

89.2 JMPR 残留物定义（膳食摄入评估）：

植物源食品：精吡氟禾草灵，精吡氟禾草灵酸（II），羟基取代精吡氟禾草灵酸（XL），三氟甲基吡啶酮（X），及其共轭物之和，以精吡氟禾草灵酸表示

动物源食品：精吡氟禾草灵、精吡氟禾草灵酸（II）及其共轭物之和，以精吡氟禾草灵酸表示

89.3 GB 2763—2016 残留物定义（MRL 监测）：吡氟禾草灵及其代谢物吡氟禾草灵酸之和，以吡氟禾草灵表示

89.4 加工因子

初级农产品	加工农产品/加工方式	加工因子
橙	橙汁	0.7
	精油	5.0
	干果浆	6.0
青豌豆	青豌豆，烹饪	0.86（3）
	青豌豆罐头	0.71（3）
大豆	壳	0.51（7）
	毛油	0.83
	大豆油豆粕	1.2（7）
	豆粉	1.1（6）
	豆奶	0.16（4）
马铃薯	生马铃薯皮	0.53（5）
	生马铃薯肉	1.1（5）
	烹饪不带皮马铃薯	0.8（2）
甜菜根	糖	0.36
	糖蜜	14
	干果浆	40
	湿果浆（加工果浆）	0.087
葵花籽	葵花籽油（冷加工）	3.1
	葵花籽壳	0.14
	葵花籽油	<0.03

89.5 信息来源：2016 Report，Evaluation

90. flubendiamide 氟苯虫酰胺

90.1 JMPR 残留物定义（MRL 监测）：氟苯虫酰胺

90.2 JMPR 残留物定义（膳食摄入评估）：氟苯虫酰胺

90.3 GB 2763—2016 残留物定义（MRL 监测）：氟苯虫酰胺

90.4 加工因子

初级农产品	加工农产品/加工方式	加工因子
苹果	苹果干	0.5
	苹果汁	0.1
李子	李子干	0.9
葡萄	葡萄汁	0.1
	葡萄酒	0.2
	葡萄干	1.7
	葡萄干果渣	5.9
番茄	去皮	0.3
	番茄汁	0.5
	蜜饯/罐头	0.3
	番茄酱	4
大豆	油	0
	分选谷物颗粒	358
	大豆粕	0.1
	大豆壳	2.7
玉米	细玉米粉	2.1
	粗粉	0.9
	玉米油	0.5
	分选玉米颗粒	318
棉籽	棉籽毛油	6.1
	棉籽粕	0.2

90.5 信息来源：2010 Report，Evaluation

91. fluensulfone 联氟砜

91.1 JMPR 残留物定义（MRL 监测）：
植物源食品：3，4，4 - trifluorobut - 3 - ene - 1 - sulfonic acid（BSA）
动物源食品：不需要

91.2 JMPR 残留物定义（膳食摄入评估）：联氟砜
植物源食品：3，4，4 - trifluorobut - 3 - ene - 1 - sulfonic acid（BSA）
动物源食品：不需要

91.3 GB 2763—2016 残留物定义（MRL 监测）：无

91.4 加工因子

初级农产品	加工农产品/加工方式	代谢物 BSA 加工因子	
		测定值	最佳值
番茄	罐头	0.33	0.33
	干果渣	6.6，9.3，17	11
	去皮	0.33	0.33
	晒干	1.67，2	1.8
	番茄汁	0.67，0.83	0.75
	番茄糊	1，1，3.54	1.8
	果泥	0.67，1.38	1
	湿果渣	0.66，3，4	2.6
备注	BSA：3，4，4 - trifluorobut - 3 - ene - 1 - sufonic - acid		

91.5 信息来源：2014 Report，Evaluation；2016 Report

92. fludioxonil 咯菌腈

92.1 JMPR 残留物定义（MRL 监测）：咯菌腈

92.2 JMPR 残留物定义（膳食摄入评估）：咯菌腈

92.3 GB 2763—2016 残留物定义（MRL 监测）：咯菌腈

92.4 加工因子

初级农产品	加工农产品/加工方式	加工因子
柑橘	清洗	0.67
	果肉	0.07
	果皮	3.2
柑橘	柑橘汁	0.13
	湿果渣	2.2
	干果渣	7.4
	柑橘果酱	0.48
柠檬	柠檬汁	<0.03
	干果渣	2.1
	精油	61
苹果	清洗	0.84
	苹果汁（灭菌）	0.08
	湿果渣	1.4
	干果渣	5.3
	苹果酱	0.12

92.5 信息来源：2004 Report，Evaluation；2006 Report，Evaluation；2010 Report，Evaluation；2012 Report，Evaluation；2013 Report，Evaluation

93. flufenoxuron 氟虫脲

93.1 JMPR 残留物定义（MRL 监测）：氟虫脲

93.2 JMPR 残留物定义（膳食摄入评估）：氟虫脲

93.3 GB 2763—2016 残留物定义（MRL 监测）：氟虫脲

93.4 加工因子

初级农产品	加工农产品/加工方式	加工因子
绿茶	茶汤	0.0065（中值）

93.5 信息来源：2014 Report

94. flumioxazin 丙炔氟草胺

94.1 JMPR 残留物定义（MRL 监测）：丙炔氟草胺

94.2 JMPR 残留物定义（膳食摄入评估）：丙炔氟草胺

94.3 GB 2763—2016 残留物定义（MRL 监测）：丙炔氟草胺

94.4 加工因子

初级农产品	加工农产品/加工方式	加工因子
小麦	麦麸	0.94
	细面粉	0.14
	次粉	0.22
	精制面粉	0.31
	胚芽	1.03
	分选谷物颗粒	308
甘蔗	糖蜜	0.5
	食糖	<0.18
油菜籽	油菜籽油	<0.04
	油菜籽粕	0.12
葵花籽	葵花籽油	<0.009
	葵花籽粕	0.065

94.5 信息来源：2015 Evaluation

95. fluopicolide 氟吡菌胺

95.1 JMPR 残留物定义（MRL 监测）：氟吡菌胺

95.2 JMPR 残留物定义（膳食摄入评估）：氟吡菌胺及其 2，6-二氯苯甲酰胺（BAM）代谢物

95.3 GB 2763—2016 残留物定义（MRL 监测）：氟吡菌胺

95.4 加工因子

初级农产品	加工农产品/加工方式	加工因子
葡萄	未发酵葡萄汁	0.38，0.57，0.38
	果渣	6.6，6.3，5.0
	发酵	3.8，8.9，6.0
	浅龄酒	0.25，0.31，0.38
	陈年酒	0.28，0.31，0.38
葡萄	湿果渣	1.6，1.8，2.3，5.0，6.3，6.6
	葡萄干	2.2，6.5
	白葡萄酒	0.4，0.43，0.61
	红葡萄酒	0.28，0.31，0.38

(续)

初级农产品	加工农产品/加工方式	加工因子
番茄	腌制	0.1, 0.1, 0.1, 0.1, 0.1
	番茄汁	0.2, 0.2, 0.3, 0.3, 0.3
	果泥	1.5, 1.8, 2.2
	番茄酱	1.9, 2.2, 3.5
番茄	清洗	0.3, 0.3, 0.2, 0.4
	浸出汁	0.3, 0.3, 0.1, 0.5
	番茄汁	0.1, 0.3, 0.2, 0.3（最佳值0.3）
	去皮	0.04, <0.04, <0.05, <0.06
	番茄皮	1.2, 5.4, 3.5, 2.1
	腌制	0.1, 0.1, 0.1, 0.1
	果泥	0.2, 0.4, 0.4, 0.5（最佳值0.4）

95.5 信息来源：2009 Report，Evaluation；2014 Report

96. fluopyram 氟吡菌酰胺

96.1 JMPR 残留物定义（MRL 监测）：

植物源食品：氟吡菌酰胺

动物源食品：氟吡菌酰胺及2-（三氟甲基）苯甲酰胺之和

96.2 JMPR 残留物定义（膳食摄入评估）：

植物源食品：氟吡菌酰胺

动物源食品：氟吡菌酰胺、2-（三氟甲基）苯甲酰胺、N-｛（E）-2-［3-氯-5-（三氟甲基）吡啶-2-基］乙烯基｝-2-三氟甲基苯甲酰胺、N-｛（Z）-2-［3-氯-5-（三氟甲基）吡啶-2-基］乙烯基｝-2-三氟甲基苯甲酰胺之和，以氟吡菌酰胺表示

96.3 GB 2763—2016 残留物定义（MRL 监测）：氟吡菌酰胺

96.4 加工因子

初级农产品	加工农产品/加工方式	加工因子	
		测定值	最佳值
西瓜	去皮	<0.02, <0.05, 0.05, <0.06, <0.06, <0.07, <0.08, <0.09, 0.09, <0.11, <0.13, <0.13, <0.13, 0.13, 0.13, <0.17, <0.17, <0.2, <0.2	<0.11
甘蓝	清洗	0.17, 0.25, <0.5, <0.5	<0.36
	清洗后煮熟	<0.17, <0.25, <0.5, <0.5	<0.36
	整理后的菜头	0.01, 0.02, 0.02, 0.03, 0.09, 0.34	0.03
生菜	整理后的菜头	0.02, 0.02, 0.03, 0.05, 0.19, 0.2	0.09
	清洗叶子	0.24, 0.85	0.55
花椰菜	清洗的菜头	0.8	
	清洗后煮熟	0.62	

（续）

初级农产品	加工农产品/加工方式	加工因子	
		测定值	最佳值
李子	清洗	0.49	
	制干	1.1	
油菜籽	毛油	1.0，1.3，1.3，2.1	1.4
	油	0.01，0.64，0.83，1.0，1.7	0.71
	菜籽粕	0.29，0.34，0.67，0.75，1.4	0.69

初级农产品	加工农产品/加工方式	加工因子
番茄	果番茄汁	0.36
	湿果渣	0.1
	蜜饯	0.21
	番茄糊	0.73
	番茄酱	0.46
马铃薯	去皮块茎	＜0.64
	薯条	＜0.64
	薯片	1
	湿果皮	4.3
甜菜根	糖	1.3
	浓缩汁	0.92
	果肉（干）	1.3
苹果	干苹果	0.64
	果酱	0.36
	苹果汁	＜0.09
	湿果渣	2.3
花生	花生粕	0.19
	花生酱	0.22
	花生油	0.01
草莓	蜜饯	0.31
	草莓酱	0.65

96.5 信息来源：2010 Report，Evaluation；2012 Report，Evaluation；2014 Evaluation；2015 Report，Evaluation

97. flupyradifurone 吡啶呋虫胺

97.1 JMPR 残留物定义（MRL 监测）：

植物源食品：吡啶呋虫胺

动物源食品：吡啶呋虫胺和二氟乙酸（DFA）之和，以当量母体表示

97.2 JMPR 残留物定义（膳食摄入评估）：

植物源食品：吡啶呋虫胺，二氟乙酸（DFA）和 6-氯烟酸（6-CNA）之和，以当量母体表示

动物源食品：吡啶呋虫胺和二氟乙酸（DFA）之和，以当量母体表示

97.3 GB 2763—2016 残留物定义（MRL 监测）：无

97.4 加工因子

初级农产品	加工农产品/加工方式	加工因子
橙	果皮（成熟未清洗）	1.85
	橙汁	0.135
	精油	0.135
	果浆	0.21
	果肉	1.3
	果肉（干）	4.5
	果酱	0.155
苹果	全果（清洗）	1.1
	果酱	0.80
	干果渣	3.95
	苹果汁	0.60
	果肉（干）	1.9
葡萄	果浆	0.865
	果肉	1.75
	葡萄汁	0.70
	葡萄汁（巴氏灭菌）	0.69
	葡萄酒	0.415
	葡萄果冻	0.295
	葡萄干	2.5
	果肉	1.75
番茄	番茄汁	0.67
	果泥	1.5
	果浆	1.9
	果皮	2.1
	蜜饯	0.71
	果实（干）	2.45
大豆	分选谷物颗粒	7.1
	豆粕	1.35
	豆壳	0.76
	大豆油	0.038
	豆奶	0.21
	脱脂豆粉	1.55
马铃薯	炸薯条	1.25
	马铃薯全粉	1.55
	马铃薯皮（湿）	0.596
	马铃薯淀粉	0.546
	带皮块茎（烹饪）	1.05
	蒸煮块茎（烹饪）	0.546

（续）

初级农产品	加工农产品/加工方式	加工因子
大麦	麦芽	0.79
	酿造啤酒麦芽	0.49
	啤酒麦糟	0.069
	酒花残渣	0.44
	啤酒酵母	0.13
	啤酒	0.075
	珍珠麦	0.12
	大麦粉粒残渣	2.93
小麦	面粉	0.445
	面包	0.32
	全麦粉	1.25
	全麦面包	0.795
	胚芽	1.25
	分选谷物颗粒	10.5
	麦麸	1.55
	面筋粉	0.40
	意大利面（烹饪）	0.135
	意大利面（干制和烹饪）	0.175
	意大利面（干）	0.645
	意大利面（鲜）	0.51
	次粉	0.945
	小麦淀粉	0.026
玉米	分选谷物颗粒	6.6
	玉米麸	1.55
	玉米粉	0.89
	胚芽（干磨）	1.035
	玉米粕（干磨）	0.895
	玉米油（干磨）	0.89
	玉米淀粉	0.89
棉籽	棉籽油	0.20
	棉粕	0.83
	棉壳	0.99
花生	花生粕	1.2
	花生油	0.56
	花生酱	0.75
	花生（烤）	0.75

97.5 信息来源：2010 Report，Evaluation；2012 Report，Evaluation；2014 Evaluation；2015 Report，Evaluation

98. flusilazole 氟硅唑

98.1 JMPR 残留物定义（MRL 监测）：氟硅唑

98.2 JMPR 残留物定义（膳食摄入评估）：氟硅唑

98.3 GB 2763—2016 残留物定义（MRL 监测）：氟硅唑

98.4 加工因子

初级农产品	加工农产品/加工方式	加工因子
苹果	苹果汁	0.19
	湿果渣	2.4
	干果渣	12
葡萄	葡萄汁	0.42
	葡萄酒	0.09
	葡萄干	1.8
	湿果渣	3.6
	干果渣	11
大豆	大豆粕	0.38
	大豆壳	1.1
	大豆油	2.2
小麦	麦麸	0.29
	小麦面粉（低筋）	<0.91
	小麦磨碎副产品	0.59

98.5 信息来源：1991 Report；1993 Report，Evaluation；1995 Report；2007 Report，Evaluation

99. flutolanil 氟酰胺

99.1 JMPR 残留物定义（MRL 监测）：氟酰胺

99.2 JMPR 残留物定义（膳食摄入评估）：氟酰胺

99.3 GB 2763—2016 残留物定义（MRL 监测）：氟酰胺

99.4 加工因子

初级农产品	加工农产品/加工方式	加工因子
稻谷	稻壳	3.5
	糙米	0.32
	稻糠	1.4
	精米	<0.16

99.5 信息来源：2012 Report，Evaluation；2012 Report，Evaluation

100. flutriafol 粉唑醇

100.1 JMPR 残留物定义（MRL 监测）：粉唑醇

100.2 JMPR 残留物定义（膳食摄入评估）：粉唑醇

100.3 GB 2763—2016 残留物定义（MRL 监测）：粉唑醇

100.4 加工因子

初级农产品	加工农产品/加工方式	加工因子	
		测定值	最佳值
苹果	苹果汁	0.5, 0.45	0.48
	湿果渣	1.9, 1.9	1.9
	干果渣	10, 8.5	9.3
葡萄	葡萄汁	0.63	
	葡萄干	2.8	
甜椒	腌制	0.57, 0.67, 0.74 (2), 0.79, 1.1, 1.3, 1.4	0.77
大豆	大豆粕	1.3	
	油	1.3	
	大豆壳	0.97	
	分选谷物颗粒	1.7	
小麦	麦麸	2.1	
	面粉	0.33	
	麦粒	2.8	
	分选谷物颗粒	13	
花生	花生粕	0.79	
	花生油	1.4	
咖啡豆	烘焙	0.95	

100.5 信息来源：2011 Report；2015 Report，Evaluation

101. fluxapyroxad 氟唑菌酰胺

101.1 JMPR 残留物定义（MRL 监测）：氟唑菌酰胺

101.2 JMPR 残留物定义（膳食摄入评估）：氟唑菌酰胺，M700F008 和 M700F048，以氟唑菌酰胺表示

101.3 GB 2763—2016 残留物定义（MRL 监测）：无

101.4 加工因子

初级农产品	加工农产品/加工方式	加工因子
苹果	苹果汁	0.21
	湿果渣	4.6
	苹果酱	0.24
	罐头	0.22
	苹果干	0.54
李子	清洗	0.77
	李子糊	0.83
	李子酱	0.41
	李子干	2.81
番茄	罐头	0.19
	番茄酱	0.73

（续）

初级农产品	加工农产品/加工方式	加工因子
番茄	番茄糊	0.37
	粗榨番茄汁	0.18
	果皮	2.37
苹果	苹果汁	0.21
	湿果渣	4.6
	苹果酱	0.24
	罐头	0.22
马铃薯	薄片	0.5
	薯条	0.5
	湿果皮	5
	去皮马铃薯	0.5
	煮沸的马铃薯（未去皮）	0.5
	微波，煮沸的马铃薯（未去皮）	0.5
	烘焙马铃薯（未去皮）	0.5
	油炸马铃薯（未去皮）	0.5
	加工废料	0.5
	果肉（干）	7
甜菜根	糖	0.17
	干甜菜根	1.75
	糖蜜	0.8
	浓缩汁	0.75
	甜菜根	0.37
小麦	麦麸	2.9
	面粉	0.16
	次粉	0.36
	次粉	0.5
	胚芽	1.22
	全麦	0.96
	全麦面包	0.64
	分选谷物颗粒	220
大麦	去壳	0.16
	麦麸	1.89
	面粉	0.15
	酿酒麦芽	0.01
	酒糟	0.25
	啤酒	0.02
玉米	粗粉	0.7
	细粉	0.9
	玉米粒	0.3
	玉米淀粉	0.1

(续)

初级农产品	加工农产品/加工方式	加工因子
油菜籽（canola）	油粕	0.42
	油	0.23
葵花籽	油粕	0.12
	油	0.08
备注	M700F008： M700F048：	

101.5 信息来源：2011 Report；2012 Report；2015 Evaluation

102. formothion 安硫磷

102.1 JMPR 残留物定义（MRL 监测）：乐果

102.2 JMPR 残留物定义（膳食摄入评估）：乐果和氧乐果的总和，以乐果表示

102.3 GB 2763—2016 残留物定义（MRL 监测）：乐果

102.4 加工因子

初级农产品	加工农产品/加工方式	加工因子	
		乐果	氧乐果
柑橘	柑橘汁	0.14	0.21
	精油	0.19	0.07
番茄	番茄汁	0.11	0.17
	番茄糊	1.7	1
	番茄酱	2.9	1.4
	调味番茄酱	1.8	1
马铃薯	马铃薯粒（片）	0.12	
	马铃薯条	0.12	
棉籽	棉籽油	0.34	
玉米	玉米粉	0.34	
	玉米粗磨粉	0.34	
	玉米面粉	0.34	
	玉米淀粉	0.17	
	玉米油	0.17	

102.5 信息来源：1998 Report

103. glufosinate-ammonium 草铵膦

103.1 JMPR 残留物定义（MRL 监测）：草铵膦，3－［羟基（甲基）氧膦基］丙酸（MPP）和 N－乙酰基-草铵膦（NAG）之和，以草铵膦（游离酸）表示

103.2 JMPR 残留物定义（膳食摄入评估）：草铵膦，3－［羟基（甲基）氧膦基］丙酸（MPP）和 N－乙酰基-草铵膦（NAG）之和，以草铵膦（游离酸）表示

103.3 GB 2763—2016 残留物定义（MRL 监测）：草铵膦

103.4 加工因子

初级农产品	加工农产品/加工方式	加工因子	
		测定值	最佳值
柑橘	柑橘汁	0.71	
	柑橘皮	2.21	
	糖蜜	2.65	
	精油	<0.13	
李子	李子干	1.79	
橄榄	橄榄油	<0.65	
马铃薯	马铃薯片	2.2	
	马铃薯饼干	1.78，2.77，2.91，3.43，3.06	2.9
	薯片	1.61，1.61，1.70，2.12	1.7
	法式薯片	0.89，1.18，1.30，1.48	1.2
	煮马铃薯	0.47，0.60，0.79，0.99	0.7
	油炸马铃薯	0.95，1.48，1.78，2.01	1.6
	烤马铃薯	1.05，1.26，1.29，1.54	1.3
甜菜	压粕	0.17，<0.29，<0.91	<0.29
	干磨	0.59	
	糖蜜	3.70，4.94，6.32，6.82	5.6
	红糖或者白糖	<0.08，<0.10，<0.29，<0.91	<0.2
大豆	粉碎	2.73，8.89	5.8
	去壳	3.15，11.4	7.3
	压制成片	1.22	
	大豆油	<0.04，<0.74	<0.74
	分选谷物颗粒	2.73，8.89	5.81
	大豆壳	3.15，11.4	7.275
	豆粕	1.22	
	大豆油	<0.11，<0.12 <0.22，<0.9	<0.17
油菜籽	油粕	1.24，1.27，1.75	1.27
	压片	1.74，1.94，2.44，2.55	2.2
	榨油	<0.13，<0.22，<0.48，<0.94，<0.94	<0.48

（续）

初级农产品	加工农产品/加工方式	加工因子	
		测定值	最佳值
棉籽	除去棉絮	1.16	1.2
	压片	1.25	1.2
	榨油	<0.02	<0.02
葵花籽	榨油	<0.03，<0.07，<0.08	<0.07
玉米	粉碎	8.85，12.06	10.5
稻谷	糙米	1.85，2.29	2.1
	稻糠	0.74，0.87	0.8
	精米	0.60，0.94	0.8

103.5 信息来源：2012 Evaluation；2014 Report，Evaluation

104. glyphosate 草甘膦

104.1 JMPR 残留物定义（MRL 监测）：

植物源食品（大豆，玉米和油菜）：草甘膦和 N-乙酰基草甘膦之和，以草甘膦表示；

植物源食品（其他作物）：草甘膦；

动物源食品：草甘膦和 N-乙酰基草甘膦之和，以草甘膦表示

104.2 JMPR 残留物定义（膳食摄入评估）：草甘膦、AMPA、N-乙酰基草甘膦和 N-乙酰基-AMPA 的和，以草甘膦表示

104.3 GB 2763—2016 残留物定义（MRL 监测）：草甘膦

104.4 加工因子

初级农产品	加工农产品/加工方式	加工因子	
		草甘膦	草甘膦+AMPA
大豆	大豆		
	豆粕	1.0	0.89
	去壳	4.5	4.1
	毛油	<0.01	<0.02
玉米	玉米粉碎	1.6	1.6
	麸	1.2	1.2
	玉米粉	1.1	1.1
	玉米压饼	1.1	1.1
	玉米面筋	<0.05	<0.33
	油	<0.05	<0.33
	玉米淀粉	<0.05	<0.33
大豆	豆粕	1.0	0.89
	去壳	4.5	4.1
	毛油	<0.01	<0.02
燕麦	去壳燕麦	1.8	
	燕麦粒	0.2	
	燕麦片	0.2	

（续）

初级农产品	加工农产品/加工方式	加工因子	
		草甘膦	草甘膦＋AMPA
高粱	麸	5.0	5.0
	高粱粉	0.34	0.32
	发酵	0.02	＜0.03
	高粱粉	4.9	4.8
	高粱粗粉	0.47	0.46
	高粱淀粉	0.01	＜0.03
小麦	全麦饼	0.46	
	麦粉	0.105	0.105
	麦麸	1.7	1.7
	全麦面包	0.36	
棉籽	棉籽	0.07	0.07
	棉籽壳	0.33	0.33
	棉籽粕	0.11	0.11
	棉籽毛油	＜0.1	＜0.1
	油	＜0.1	＜0.1
	脱色油	＜0.1	＜0.1
油菜籽	油粕	2.5	
	毛油	＜0.1	
	油	＜0.1	
甘蔗	粗提糖	0.8	0.8
	糖	＜0.24	＜0.24
	糖蜜	8.25	8.65
	甘蔗渣	0.275	0.275
备注	因为所测得的 AMPA 的残留量小于 LOQ，所以会议决定用草甘膦的加工因子来估算总残留物加工因子的均值 AMPA：$H_2NCH_2PO_3H$　aminomethyl phosphonic acid		

104.5 信息来源：2005 Evaluation；2013 Report，Evaluation

105. haloxyfop 氟吡禾灵

105.1 JMPR 残留物定义（MRL 监测）：氟吡禾灵（包括高效氟吡禾灵）、氟吡禾灵酯及其共轭物之和，以氟吡禾灵表示

105.2 JMPR 残留物定义（膳食摄入评估）：氟吡禾灵（包括高效氟吡禾灵）、氟吡禾灵酯及其共轭物之和，以氟吡禾灵表示

105.3 GB 2763—2016 残留物定义（MRL 监测）：氟吡禾灵、氟吡禾灵酯及共轭物之和，以氟吡禾灵表示

105.4 加工因子

初级农产品	加工农产品/加工方式	加工因子	
		测定值	最佳值
油菜籽	粗榨油	1.1, 1.2, 1.4, 1.7, 1.8, 2.0	1.6
	榨油	0.93, 1.1, 1.3, 1.7, 1.9, 2.2	1.5
	菜籽粕	0.73, 0.88, 0.89, 0.92, 0.93, 1.7	0.91
大豆	毛油	0.40, 0.79, 1.3	0.79
	成品油	0.33, 0.75, 1.2	0.75
	豆粕	1.19, 1.25, 1.29	1.25
甜菜	糖	<0.09, 0.15	<0.09
	嫩糖浆	2.95, 3.31	3.1
	压榨甜菜根	0.36, 0.46	0.41

105.5 信息来源：2009 Report，Evaluation

106. hexythiazox 噻螨酮

106.1 JMPR 残留物定义（MRL 监测）：

植物源食品：噻螨酮

动物源食品：噻螨酮和包括反式-5-（4-氯苯基）-4-甲基-2-氧代噻唑（PT-1-3）在内所有的代谢物，以噻螨酮表示

106.2 JMPR 残留物定义（膳食摄入评估）：噻螨酮和包括反式-5-（4-氯苯基）-4-甲基-2-氧代噻唑（PT-1-3）在内所有的代谢物，以噻螨酮表示

106.3 GB 2763—2016 残留物定义（MRL 监测）：噻螨酮

106.4 加工因子

初级农产品	加工农产品/加工方式	加工因子	
		测定值	最佳值
柑橘	柑橘汁	<0.05, <0.07, 0.22, 0.26, 0.3	0.22
	柑橘酱	0.11, 0.14, 0.27	0.14
	罐头	0.07, 0.07, <0.11	0.07
	果肉（干）	1.8, 2.7	2.3
	精油	72, 210	141
	湿果渣	0.61	
	干果渣	2.9	
葡萄	红酒	<0.02, <0.1	<0.06
	白葡萄啤酒	<0.02, <0.09	<0.06
	黑加仑果汁	0.08, 0.75	0.42
	白葡萄果汁	<0.02, 0.14	0.08
	葡萄干	0.52, 1.4, 1.7, 3.3	1.6
	红葡萄未发酵果汁	0.39	
	白葡萄未发酵果汁	0.12	
	湿果渣	3.4, 16.6	10
	干果渣	9.8, 23.2	16.5
李子	李子干	4.8, 5	4.9

（续）

初级农产品	加工农产品/加工方式	加工因子	
		测定值	最佳值
棉籽	棉籽壳	0.15, 0.22	0.19
	棉籽粕	<0.01, 0.01	0.01
	油	0.11, 0.15	0.13
草莓	罐头	0.36, 0.4, 0.52, 0.99	0.46
	草莓酱	0.5, 0.54, 0.79, 1.1	0.665
啤酒花	啤酒	<0.03, <0.04, <0.05, <0.06	<0.045
茶	绿茶茶汤	0.02 (3), <0.03, 0.03 (5), <0.04, 0.04 (4), 0.05, 0.05, 0.06, 0.06, <0.07, <0.08, <0.09, <0.1, <0.1, <0.25	0.04
	发酵茶茶汤	0.01, 0.02 (6), 0.03 (6), <0.04, 0.05, 0.05, <0.07, 0.07, <0.08, <0.09, <0.1, <0.1, <0.25, 0.34	0.03

106.5 信息来源：2009 Evaluation；2011 Report

107. imazamox 甲氧咪草烟

107.1 JMPR 残留物定义（MRL 监测）：甲氧咪草烟

107.2 JMPR 残留物定义（膳食摄入评估）：甲氧咪草烟和代谢物 CL 263284 之和，以甲氧咪草烟表示

107.3 GB 2763—2016 残留物定义（MRL 监测）：甲氧咪草烟

107.4 加工因子

初级农产品	加工农产品/加工方式	加工因子	
		甲氧咪草烟	总残留（含代谢物）
小麦	胚芽	2.7	2.2
	麦麸	3.9	3.4
	面粉	1.2	1.2
	面粉	1.6, 3.2	1.5, 2.6
葵花籽	油粕	2.3	1.9, 3.0
	葵花籽油		<0.2, <0.5
备注	CL 263284： 5 - (hydroxymethyl) - 2 - (4 - isopropyl - 4 - methyl - 5 - oxo - 2 - imazazolin - 2 - yl) nicotinic acid		

107.5 信息来源：2014 Report

108. imazapic 甲咪唑烟酸

108.1 JMPR 残留物定义（MRL 监测）：甲咪唑烟酸

108.2 JMPR 残留物定义（膳食摄入评估）：甲咪唑烟酸

108.3 GB 2763—2016 残留物定义（MRL 监测）：甲咪唑烟酸
108.4 加工因子

初级农产品	加工农产品/加工方式	加工因子
大豆	豆粉	1.00，1.00，1.13
	脱脂豆粉	1.29
	烤豆粉	0.88
	烤脱脂豆粉	1.14
	豆油	0.13，0.14
	层压大豆	0.71
	片状黄豆	0.5
	豆壳	1.00，1.00

108.5 信息来源：2015Evaluation

109. imazapyr 咪唑烟酸

109.1 JMPR 残留物定义（MRL 监测）：咪唑烟酸
109.2 JMPR 残留物定义（膳食摄入评估）：咪唑烟酸
109.3 GB 2763—2016 残留物定义（MRL 监测）：无
109.4 加工因子

初级农产品	加工农产品/加工方式	加工因子
玉米	油粕	1.2
	玉米油	<0.5

109.5 信息来源：2013 Report，Evaluation

110. imazethapyr 咪唑乙烟酸

110.1 JMPR 残留物定义（MRL 监测）：咪唑乙烟酸和羟基-咪唑乙烟酸之和，以咪唑乙烟酸表示
110.2 JMPR 残留物定义（膳食摄入评估）：
　植物源食品：咪唑乙烟酸，羟基-咪唑乙烟酸和谷氨酸-羟基-咪唑乙烟酸之和，以咪唑乙烟酸表示
　动物源食品：咪唑乙烟酸和羟基-咪唑乙烟酸之和，以咪唑乙烟酸表示
110.3 GB 2763—2016 残留物定义（MRL 监测）：咪唑乙烟酸
110.4 加工因子

初级农产品	加工农产品/加工方式	加工因子
大豆	大豆油	0.26
	豆粕	0.69
玉米	玉米油	<0.85
	玉米粉	0.93
苜蓿	苜蓿粉	2.6

110.5 信息来源：2016 Report，Evaluation

111. imidacloprid 吡虫啉

111.1 JMPR 残留物定义（MRL 监测）：吡虫啉及含有 6-氯吡啶基部分的代谢物之和，以吡虫啉表示

111.2 JMPR 残留物定义（膳食摄入评估）：吡虫啉及含有 6-氯吡啶基部分的代谢物之和，以吡虫啉表示

111.3 GB 2763—2016 残留物定义（MRL 监测）：吡虫啉

111.4 加工因子

初级农产品	加工农产品/加工方式	加工因子
柑橘	果酱	0.625
	柑橘汁	0.28
	干果渣	7.47
苹果	苹果汁	0.656
	苹果酱	0.75
	湿果渣	1.6
	干果渣	5.2
	果干	0.865
甜樱桃	罐头	<0.6
桃子	罐头	<0.38
	果酱	<0.38
葡萄	葡萄酒	1.17
	葡萄汁	0.73
	葡萄干	1.05
番茄	果泥	5.73
	浓番茄汁	2.3
	番茄酱	2.0
	罐头	0.91
	番茄汁	1.37
菜豆，带荚	带豆荚烹饪	0.975
	豆子罐头	0.43
马铃薯	鲜皮	0.65
	薯片	1.35
	切块	0.92
小麦	麦麸	3.5
	面粉	0.5
棉籽	棉籽壳	0.38
	棉籽粕	1.45
	棉籽油	<0.09
	棉籽油	<0.09
啤酒花	啤酒	0.0035
大豆	油	<0.24
	豆粕	0.86
	分选谷物颗粒	160
	去壳	0.72

（续）

初级农产品	加工农产品/加工方式	加工因子
绿茶	浸泡	0.025
	速溶茶	0.25
红茶	浸泡	0.02
	速溶茶	0.24
李子	李子干	3.1
橄榄	橄榄油	0.12

111.5 信息来源：2002 Report，Evaluation；2006 Evaluation，2015 Report

112. indoxacarb 茚虫威

112.1 JMPR 残留物定义（MRL 监测）：茚虫威及其 R 对映异构体之和

112.2 JMPR 残留物定义（膳食摄入评估）：

植物源食品：茚虫威及其 R 对映异构体的总和

动物源食品：茚虫威、R 对映异构体、甲基 7−氯−2，5−双氢−2−[[[4−（三氟甲氧基）苯基] 氨基] 羰基] 茚并 [1，2−e] [1，3，4] 噁二嗪−4a（3H）−羧酸盐的总和，以茚虫威表示

112.3 GB 2763—2016 残留物定义（MRL 监测）：茚虫威

112.4 加工因子

初级农产品	加工农产品/加工方式	加工因子
苹果	苹果渣	2.6
	苹果汁	0.05
	果酱	0.2
桃	桃汁	0.08
	罐头	0.08
葡萄	葡萄干	2.7
	葡萄汁	0.007
	葡萄酒	0.06
番茄	番茄泥	0.83
	番茄酱	1.9
	番茄汁	0.2
棉籽	棉籽壳	0.026
	棉粕	0.0014
	棉籽油	0.036
花生	花生油	1
	花生粕	0.39
大豆	大豆皮	8.5
	豆粕	0.14
	大豆油	0.66
茶叶	浸泡	0.062

112.5 信息来源：2005 Report；2013 Evaluation

113. iprodione 异菌脲

113.1 JMPR 残留物定义（MRL 监测）：异菌脲

113.2 JMPR 残留物定义（膳食摄入评估）：异菌脲

113.3 GB 2763—2016 残留物定义（MRL 监测）：异菌脲

113.4 加工因子

初级农产品	加工农产品/加工方式	加工因子	
		测定值	最佳值
番茄	湿果渣	5.2，3.0	4.1
	干果渣	21，21	21
	番茄汁	0.6，0.5	0.5
	番茄泥	0.3，0.7	0.5
	番茄酱	0.6，1.3	0.9

113.5 信息来源：2001 Report，Evaluation

114. isofetamid 异丙噻菌胺

114.1 JMPR 残留物定义（MRL 监测）：

植物源食品：异丙噻菌胺

动物源食品：异丙噻菌胺，2 - [3 - methyl - 4 - [2 - methyl - 2 - (3 - methylthiophene - 2 - carboxamido) propanoyl] phenoxy] propanoic acid（PPA）之和，以异丙噻菌胺表示

114.2 JMPR 残留物定义（膳食摄入评估）：

植物源食品：异丙噻菌胺

动物源食品：异丙噻菌胺，2 - [3 - methyl - 4 - [2 - methyl - 2 - (3 - methylthiophene - 2 - carboxamido) propanoyl] phenoxy] propanoic acid（PPA），以异丙噻菌胺表示

114.3 GB 2763—2016 残留物定义（MRL 监测）：无

114.4 加工因子

初级农产品	加工农产品/加工方式	加工因子
葡萄	葡萄汁	1.05
	番茄汁	0.13
	湿果渣	3.7
	红葡萄酒	0.21
	白葡萄酒	0.39
	葡萄干	2.3
油菜籽	油菜籽粕	0.17
	油菜籽油	2.0

114.5 信息来源：2016 Report，Evaluation

115. isopyrazam 吡唑萘菌胺

115.1 JMPR 残留物定义（MRL 监测）：吡唑萘菌胺（顺式异构体和反式异构体的总和）

115.2 JMPR 残留物定义（膳食摄入评估）：

植物源食品：吡唑萘菌胺和 3 -二氟甲基- 1 -甲基- 1H -吡唑- 4 -甲酰胺酸，[9 - (1 -羟基- 1 -甲基乙基) - (1RS，4RS，9RS) - 1，2，3，4 -四氢- 1，4 -亚甲基萘 5 -基] 酰胺（CSCD459488）的总和

动物源食品：吡唑萘菌胺（顺式异构体和反式异构体的总和）

115.3 GB 2763—2016 残留物定义（MRL 监测）：无

115.4 加工因子

初级农产品	加工农产品/加工方式	加工因子	
		吡唑萘菌胺	吡唑萘菌胺及代谢物（CSCD459488）
大麦	麦芽	0.55	0.59
	啤酒	<0.13	<0.12
	去壳大麦	0.37	0.33
小麦	麦麸	4.07	4.39
	白面粉	0.20	0.23
	全麦面粉	0.73	0.81
	全麦面包	0.50	0.55
	胚芽	0.19	0.25
备注	CSCD459488：Hydroxylated syn‑isomer（tertiary alcohol）		

115.5 信息来源：2011 Report

116. isoxaflutole 异噁唑草酮

116.1 JMPR 残留物定义（MRL 监测）：异噁唑草酮和异噁唑草酮二酮腈之和，以异噁唑草酮表示

116.2 JMPR 残留物定义（膳食摄入评估）：

植物源食品：异噁唑草酮和异噁唑草酮二酮腈之和，以异噁唑草酮表示；

动物源食品：异噁唑草酮、异噁唑草酮二酮腈、RPA 205834 和 RPA 207048 之和，包括它们的共轭物，以异噁唑草酮表示

116.3 GB 2763—2016 残留物定义（MRL 监测）：无

116.4 加工因子

初级农产品	加工农产品/加工方式	加工因子
大豆	大豆粉	1.2
	大豆壳	0.79
	大豆油	<0.4
	大豆奶	<0.4
	大豆分选谷物颗粒	6.0
备注	RPA 205834：2-氨基亚甲基正环丙基-3-（2-甲磺酰基-4-三氟甲基苯基)-丙烷-1，3-二酮；RPA 207048：1-环丙基-2-羟基亚甲基-3-（2-甲磺酰基-4-三氟甲基苯基)-丙烷-1，3-二酮	

116.5 信息来源：2013 Evaluation

117. kresoxim-methyl 醚菌酯

117.1 JMPR 残留物定义（MRL 监测）：

植物源食品：醚菌酯

动物源食品：α‑（para‑hydroxy‑ortho‑tolyloxy)‑ortho‑tolyl (methoxyimino) acetic acid

（490M9），以醚菌酯表示

117.2 JMPR 残留物定义（膳食摄入评估）：

　　植物源食品：醚菌酯

　　动物源食品：α – （para – hydroxy – ortho – tolyloxy） – ortho – tolyl （methoxyimino） acetic acid
（490M9），以醚菌酯表示

117.3 GB 2763—2016 残留物定义（MRL 监测）：醚菌酯

117.4 加工因子

初级农产品	加工农产品/加工方式	加工因子	
		测定值	最佳值
橄榄	果渣	>1.0，1.1，0.78，>1.2	0.94
	毛油	>3.4，>2.4，>2.6，4.5，3.1，>4.0，>4.6，>4.8	3.8
苹果	苹果汁		<0.4
	苹果湿果渣		<1
	苹果酱		<0.4
葡萄	未发酵葡萄汁		0.1
	湿葡萄渣		0.7
	葡萄酒		<0.2
	葡萄干		1.6

117.5 信息来源：1998 Report；2001 Evaluation

118. lambda-cyhalothrin 高效氯氟氰菊酯

118.1 JMPR 残留物定义（MRL 监测）：氯氟氰菊酯（异构体之和）

118.2 JMPR 残留物定义（膳食摄入评估）：氯氟氰菊酯（异构体之和）

118.3 GB 2763—2016 残留物定义（MRL 监测）：氯氟氰菊酯（异构体之和）

118.4 加工因子

初级农产品	加工农产品/加工方式	加工因子	
		测定值	最佳值
橘	柑橘汁	<0.14，<0.33	<0.33
	湿果渣	1.6，2	1.8
	干果渣	3.9，6.3	5.2
苹果	苹果汁	<0.1	
	湿果渣	<1，8.1	8.1
葡萄	葡萄干	3.3	
	湿果渣（白葡萄酒）	3.5	
	湿果渣（红葡萄酒）	5.5	
	干果渣（白葡萄酒）	11	
	干果渣（红葡萄酒）	15	
	浅龄酒（白、红葡萄酒）	<0.5，<0.5	<0.5
	葡萄汁（白、红葡萄汁）	<0.5，<0.5	<0.5

(续)

初级农产品	加工农产品/加工方式	加工因子	
		测定值	最佳值
橄榄	初榨油	0.46，1	0.73
番茄	番茄汁	0.06	
	番茄酱	0.31	
小麦	麦麸	4.5	
	次粉	1.0	
	次粉和胚芽	1.5	
	面粉	0.5	
	面粉（筛子＜420 μm）	98	
稻谷	精米	＜0.01	
	稻壳	6.5	
	稻糠	0.22	
甘蔗	糖蜜	＜0.05	
	精制糖	＜0.05	
大豆	壳	＜1	
	豆粕	＜1	
	油	＜1	
棉籽	脱纤维棉籽	0.1	
	壳	0.1	
	棉籽粕	＜0.1	
	油	0.1	

118.5 信息来源：2008 Report，Evaluation

119. luferuron 虱螨脲

119.1 JMPR 残留物定义（MRL 监测）：虱螨脲

119.2 JMPR 残留物定义（膳食摄入评估）：虱螨脲

119.3 GB 2763—2016 残留物定义（MRL 监测）：虱螨脲

119.4 加工因子

初级农产品	加工农产品/加工方式	加工因子	
		测定值	最佳值
番茄	榨汁，生食	＜0.17，0.17	0.17
	番茄泥	0.79，0.83，0.86，0.9	0.85
	番茄酱	0.83，1.1	0.97
	罐头/腌制	＜0.17（4）	0.17
	果渣	7.9，7.9，8.6，9.7	8.3

119.5 信息来源：2015 Report

120. malathion 马拉硫磷

120.1 JMPR 残留物定义（MRL 监测）：马拉硫磷

120.2 JMPR 残留物定义（膳食摄入评估）：马拉硫磷

120.3 GB 2763—2016 残留物定义（MRL 监测）：马拉硫磷

120.4 加工因子

初级农产品	加工农产品/加工方式	加工因子
橙	精油	219
	果干	10
	糖蜜	1.4
	橙汁	<0.05
葡萄	湿果渣	2.5
	干果渣	11
	葡萄干废料	6
	葡萄汁	0.08
	葡萄干	0.43
番茄	湿果渣	1.7
	干果渣	13.3
	番茄汁	0.03
	番茄泥	0.58
	番茄酱	0.75
菜豆	罐头废料	8.3
	切段菜豆	<0.02
玉米	分选谷物颗粒	70~97
	玉米粕	1.7
	玉米面	2.0
	干磨毛油	4.5
	干磨油	1.4
	湿磨毛油	6.2
	湿磨油	3.5
	粗粉	0.7
	干磨脱色油	0.016
	干磨除臭油	0.02
	干磨玉米淀粉	0.002
稻谷	粮食粉尘	1.7~2.5
	稻壳	5.5
	精米	0.02
	稻糠	0.67（JMPR 认为马拉硫磷在麦麸中降低不太可能）
小麦	粮食粉尘	36~56
	麦麸	0.41
	次粉	0.39
	精制面粉	0.23
	分选谷物颗粒	1.25~35
棉籽	棉籽壳	0.77
	棉籽粕	0.07
	棉籽油（毛油）	0.67
	棉籽油（精炼油）	0.65
	脱色脱臭油	0.008

120.5 信息来源：1999 Report，Evaluation

121. maleic hydrazide 抑芽丹

121.1 JMPR 残留物定义（MRL 监测）：抑芽丹

121.2 JMPR 残留物定义（膳食摄入评估）：抑芽丹

121.3 GB 2763—2016 残留物定义（MRL 监测）：抑芽丹

121.4 加工因子

初级农产品	加工农产品/加工方式	加工因子
马铃薯	煮沸	0.52
	微波烘烤	1.2
	烤箱烘烤	1.35
	炸薯片	0.0265
	炸薯条	0.92
	马铃薯颗粒和薯片	3.5
	干马铃薯皮	3.25
	洗涤	1.4
	削皮	1.3

121.5 信息来源：1998 Report，Evaluation

122. mancozeb 代森锰锌

122.1 JMPR 残留物定义（MRL 监测）：二硫代氨基甲酸盐（或酯）类的总和，以酸化过程中二硫化碳形成的量判定，以 CS_2（mg/kg）表示

122.2 JMPR 残留物定义（膳食摄入评估）：代森锰锌和 ETU

122.3 GB 2763—2016 残留物定义（MRL 监测）：二硫代氨基甲酸盐（或酯），以二硫化碳表示

122.4 加工因子

初次农产品	加工过程
苹果	洗涤去除30%～50%残留，在澄清的果汁中没有代森锰锌或ETU残留检出
葡萄	去梗、洗涤可去除70%的残留，二硫代氨基甲酸盐在澄清葡萄汁中未检出，但在浓缩汁中有检出。施用过代森锰锌的葡萄，加工制成红葡萄酒和白葡萄酒中检出小于1%的二硫代氨基甲酸盐
玉米	冷冻玉米和玉米罐头，残留小于加工原材料中残留的10%
番茄	洗涤去除90%的残留，用清洗过的番茄加工制成的番茄汁和果渣中未检出二硫代氨基甲酸盐
备注	ETU：乙撑硫脲

122.5 信息来源：1993 Report，Evaluation

123. mandipropamid 双炔酰菌胺

123.1 JMPR 残留物定义（MRL 监测）：双炔酰菌胺

123.2 JMPR 残留物定义（膳食摄入评估）：双炔酰菌胺

123.3 GB 2763—2016 残留物定义（MRL 监测）：双炔酰菌胺

123.4 加工因子

初级农产品	加工农产品/加工方式	加工因子
葡萄	葡萄干	3.91
	湿果渣	2.51
	干果渣	6.82
	葡萄酒	0.85
	葡萄汁	0.33
番茄	湿果渣	0.95
	干果渣	4.45
	番茄汁	0.98
	果泥	1.14
	罐头	0.36
啤酒花	啤酒	0.02

123.5 信息来源：2008Report，Evaluation；2013 Report，Evaluation

124. maneb 代森锰

124.1 JMPR 残留物定义（MRL 监测）：二硫代氨基甲酸盐（或酯）类的总和，以酸化过程中二硫化碳形成的量判定，以 CS_2（mg/kg）表示

124.2 JMPR 残留物定义（膳食摄入评估）：代森锰和 ETU

124.3 GB 2763—2016 残留物定义（MRL 监测）：无

124.4 加工因子

初级农产品	加工农产品/加工方式	残留量	
		二硫代氨基甲酸酯残留量（mg/kg）	ETU 残留量（mg/kg）
苹果	鲜苹果	9.7	0.15
	湿果渣	10	0.46
	干果渣	52	2.5
	鲜苹果汁	2.0	0.018
食荚菜豆	生豆荚	3.5	0.040
	豆类罐头	0.03	0.49
	冷冻豆类	0.035	0.19
	婴儿食品	<0.03	0.35
	豆类罐头废料	3.6	0.12
葡萄	鲜葡萄	10.5	0.067
	经处理的葡萄	6.6	0.026
	湿果渣	3.7	0.16
	干果渣	3.9	0.50
	浓葡萄汁	0.46	5.0
	葡萄干	1.9	0.66
	葡萄干废料	10.6	1.3
甜菜	甜菜根	0.069	<0.01
	糖蜜	<0.03	2.1
	白糖	<0.03	<0.01
	干甜菜根	0.088	0.028

(续)

初级农产品	加工农产品/加工方式	残留量	
		二硫代氨基甲酸酯残留量（mg/kg）	ETU 残留量（mg/kg）
玉米	玉米粒（实验室制备）	0.21	0.01
	穗轴和外皮（实验室制备）	4.2	0.05
	玉米粒（商业化）	<0.03	<0.01
	外皮（商业化）	5.4	0.11
	穗轴（商业化）	0.76	<0.01
	穗轴和外皮（商业化）	3.4	0.04
	切块、清洗、脱色	<0.03	<0.01
番茄	鲜番茄	0.087	<0.01
	湿果渣	0.07	<0.01
	干果渣	<0.03	0.031
	番茄罐头	<0.03	<0.01
	番茄糊	<0.03	0.01
	番茄酱	<0.03	<0.01
	番茄泥	0.03	0.02
	番茄汁	<0.03	0.02
备注	ETU：乙撑硫脲		

124.5 信息来源：1993 Report，Evaluation

125. MCPA 2 甲 4 氯

125.1 JMPR 残留物定义（MRL 监测）：2 甲 4 氯

125.2 JMPR 残留物定义（膳食摄入评估）：MCPA 及其共轭物和 MCPA 酯类的总和，用 MCPA 表示

125.3 GB 2763—2016 残留物定义（MRL 监测）：2 甲 4 氯

125.4 加工因子

初级农产品	加工农产品/加工方式	加工因子		
		MCPA DMA	MCDA 2 - EHE	最佳值
小麦	胚芽	0.67	0.29	0.48
	麦麸	0.67	0.29	0.48
	面粉	0.67	0.29	0.48
备注	2 - EHE：2 - 乙基己酯；DMA：二甲胺			

125.5 信息来源：2012 Report，Evaluation

126. meptyldinocap 硝苯菌酯

126.1 JMPR 残留物定义（MRL 监测）：硝苯菌酯同分异构体之和

126.2 JMPR 残留物定义（膳食摄入评估）：硝苯菌酯、对应的酚和 2，4 - DNOP 的总和，以硝苯菌酯表示

126.3 GB 2763—2016 残留物定义（MRL 监测）：无

126.4 加工因子

安全间隔期（d）	残留量（mg/kg）			加工因子	
	葡萄	未发酵葡萄汁	葡萄酒	未发酵葡萄	葡萄酒
14	0.1	<0.04	<0.04	<0.4	<0.4
21	0.59	<0.05	<0.01	<0.085	<0.017
21	0.33	<0.01	<0.01	<0.030	<0.030
21[a]	0.347	<0.05	<0.01	<0.144	<0.029
21[a]	0.67	<0.05	<0.01	<0.075	<0.015

有效成分剂量（kg/ha）	处理次数	残留量（mg/kg）			加工因子	
		草莓	草莓酱	草莓脯	草莓酱	草莓脯
0.4~0.41	6	0.23	0.079	<0.05	0.34	<0.22
0.39~0.42	6	0.31	0.07	0.11	0.23	0.35
0.21~0.22	3	0.07	<0.01	<0.01	<0.14	<0.14
0.20~0.21	3	0.13	0.06	0.11	0.46	0.85
备注	2,4-DNOP.: 2,4-dinitro-6-(2-octyl) phenol（结构式）					

注：a 白葡萄

126.5 信息来源：2010 Report，Evaluation

127. metaflumizone 氰氟虫腙

127.1 JMPR 残留物定义（MRL 监测）：氰氟虫腙，E-同分异构体和 Z-同分异构体的总和

127.2 JMPR 残留物定义（膳食摄入评估）：氰氟虫腙，E-同分异构体和 Z-同分异构体的总和

127.3 GB 2763—2016 残留物定义（MRL 监测）：氰氟虫腙

127.4 加工因子

初级农产品	加工农产品/加工方式	加工因子	
		测定值	最佳值
番茄	番茄汁	<0.33, <0.14, <0.19, <0.046	0.16
	湿果渣	1.5, 2.4, 3.1, 1.1	2.0
	番茄糊	0.48, 0.20, 0.42, 0.23	0.32
	番茄酱	1.5, 0.80, 0.89, 0.54	0.84
	罐头	<0.33, <0.14, <0.19, <0.046	0.16

127.5 信息来源：2003 Report，Evaluation

128. metalaxyl/metalaxyl-M 甲霜灵/精甲霜灵

128.1 JMPR 残留物定义（MRL 监测）：甲霜灵

128.2 JMPR 残留物定义（膳食摄入评估）：甲霜灵

128.3 GB 2763—2016 残留物定义（MRL 监测）：甲霜灵

128.4 加工因子

初级农产品	加工农产品/加工方式	加工因子
柑橘	清洗	0.97
	柑橘汁	0.060
	精油	9.0
	湿果渣	1.1
	干果渣	4.1
	果皮	2.5
	果肉	0.091
	柑橘酱	0.39
葡萄	葡萄汁	0.36
	浅龄酒	0.87
	葡萄酒	0.66

128.5 信息来源：2004 Report

129. methamidophos 甲胺磷

129.1 JMPR 残留物定义（MRL 监测）：甲胺磷

129.2 JMPR 残留物定义（膳食摄入评估）：甲胺磷

129.3 GB 2763—2016 残留物定义（MRL 监测）：甲胺磷

129.4 加工因子

初级农产品	加工农产品/加工方式	加工因子
桃	洗涤	0.75
	果酱	0.62
	桃汁	0.33
	蜜饯	0.52
番茄	番茄汁	0.74
	番茄泥	0.84
	湿果渣	0.80
	干果渣	3.80
大豆	豆壳	13.5
	豆粕	1.6
	豆片	0.75
棉籽	毛油	0.014
	棉籽粕	0.58
	棉籽壳	0.76

129.5 信息来源：2002 Report

130. methidathion 杀扑磷

130.1 JMPR 残留物定义（MRL 监测）：杀扑磷

130.2 JMPR 残留物定义（膳食摄入评估）：杀扑磷

130.3 GB 2763—2016 残留物定义（MRL 监测）：杀扑磷

130.4 加工因子

初级农产品	加工农产品/加工方式	加工因子
棉籽	毛油	2～3
玉米	毛油	2～3
葵花籽	毛油	2～3

130.5 信息来源：1992 Report

131. methiocarb 甲硫威

131.1 JMPR 残留物定义（MRL 监测）：甲硫威、甲硫威亚砜和甲硫威砜之和，以甲硫威表示

131.2 JMPR 残留物定义（膳食摄入评估）：甲硫威、甲硫威亚砜和甲硫威砜之和，以甲硫威表示

131.3 GB 2763—2016 残留物定义（MRL 监测）：甲硫威、甲硫威亚砜和甲硫威砜之和，以甲硫威表示

131.4 加工因子

初级农产品	加工农产品/加工方式	最佳值
葡萄	葡萄酒	0.43

131.5 信息来源：1999 Report，Evaluation

132. methomyl 灭多威

132.1 JMPR 残留物定义（MRL 监测）：灭多威和硫双灭多威之和，以灭多威表示

132.2 JMPR 残留物定义（膳食摄入评估）：灭多威和硫双灭多威之和，以灭多威表示

132.3 GB 2763—2016 残留物定义（MRL 监测）：灭多威

132.4 加工因子

初级农产品	加工农产品/加工方式	加工因子
苹果	苹果汁	0.29
	湿果渣	0.30
柑橘	柑橘汁	0.021
	果肉（干）	2.9
棉籽	棉籽油	0.16
	棉籽壳	0.96
	棉籽	0.32
葡萄	葡萄酒	0.3
玉米	玉米油	0.18
大豆	大豆皮	3.6
	大豆仁	1
	大豆毛油	1
	大豆油	1
甜玉米	废料	78
番茄	番茄酱	0.04
小麦	面粉	0.02
	麦麸	1.9
	胚芽	0.92

132.5 信息来源：2001Report，Evaluation

133. S-methoprene S-烯虫酯

133.1 JMPR 残留物定义（MRL 监测）：烯虫酯

133.2 JMPR 残留物定义（膳食摄入评估）：烯虫酯

133.3 GB 2763—2016 残留物定义（MRL 监测）：无

133.4 加工因子

初级农产品	加工农产品/加工方式	加工因子
小麦	麦麸	2.8
	面粉	0.355
	全麦面粉	0.93
	胚芽	4.8
	小麦细麸	3.9
玉米	玉米粕	0.92
	玉米毛油	18
	玉米油	<0.005
稻谷	糙米	0.22
	精米	<0.01
	稻壳	4.6

133.5 信息来源：2005Report，Evaluation

134. methoxyfenozide 甲氧虫酰肼

134.1 JMPR 残留物定义（MRL 监测）：甲氧虫酰肼

134.2 JMPR 残留物定义（膳食摄入评估）：甲氧虫酰肼

134.3 GB 2763—2016 残留物定义（MRL 监测）：甲氧虫酰肼

134.4 加工因子

初级农产品	加工农产品/加工方式	加工因子
柑橘	柑橘汁	0.22
	柑橘果酱	0.77
	精油	42.5
	果肉（干）	1.1

134.5 信息来源：2003 Report，Evaluation；2009 Evaluation；2012 Evaluation

135. metrafenone 苯菌酮

135.1 JMPR 残留物定义（MRL 监测）：苯菌酮

135.2 JMPR 残留物定义（膳食摄入评估）：苯菌酮

135.3 GB 2763—2016 残留物定义（MRL 监测）：无

135.4 加工因子

初级农产品	加工农产品/加工方式	加工因子	
		测定值	最佳值
葡萄	葡萄汁（红葡萄酒）	0.03, 0.15, <0.18, 0.26, 0.57, 0.77, 0.78, 0.81, 1.17, 1.29	0.67
	湿果渣	2.8, 3.6	3.2
	葡萄酒	0.03, 0.07, <0.17, <0.18, <0.19, <0.19, <0.21, <0.26, <0.38, <0.71	0.19
	葡萄汁	0.04, 0.06	0.05
	葡萄干	<0.63, <0.71, 3.63, 3.94	3.75
番茄	蜜饯	<0.02, <0.02, <0.02, 0.02	<0.02
	番茄汁（生）	0.26, 0.33, 0.35, 0.4	0.34
	湿果渣	3.3, 4.8, 6.2, 6.3	5.5
	番茄酱	0.27, 0.3, 0.47, 0.53	0.385
	番茄糊	0.65, 0.79, 0.83, 1.1	0.81
蘑菇	罐头	0.16	
大麦	珍珠大麦	<0.13, 0.13, <0.2, 0.22	0.165
	磨粉	2.5	
	麦芽	0.4	
	酒糟	0.3	
	啤酒	<0.1, <0.13, <0.17, <0.33,	<0.15
小麦	全麦面粉	0.94, 1.1, 1.7, 1.9	1.4
	550型面粉	0.14, 0.17, 0.21, 0.29	0.19
	麦麸	2.6, 3.5, 4.9, 5.3	4.2
	全麦面包	0.6, 0.64, 0.71, 1.0	0.675

135.5 信息来源：2014 Evaluation

136. mevinphos 速灭磷

136.1 JMPR 残留物定义（MRL 监测）：顺式（E）速灭磷与反式（Z）速灭磷的总和

136.2 JMPR 残留物定义（膳食摄入评估）：顺式（E）速灭磷与反式（Z）速灭磷的总和

136.3 GB 2763—2016 残留物定义（MRL 监测）：无

136.4 加工因子

初级农产品	加工农产品/加工方式	加工因子
甘蓝	清洗	0.27, 0.67
	煮沸	0.18
花椰菜	煮沸	0.33
菠菜	煮沸	0.26~0.3
苹果	削皮	0.71~0.95
	煮过的削皮苹果	0.53~0.75

136.5 信息来源：1997 Report，Evaluation；2000 Evaluation

137. myclobutanil 腈菌唑

137.1 JMPR 残留物定义（MRL 监测）：腈菌唑

137.2 JMPR 残留物定义（膳食摄入评估）：腈菌唑、RH‑9090 及其共轭物总和，用腈菌唑表示

137.3 GB 2763—2016 残留物定义（MRL 监测）：腈菌唑

137.4 加工因子

初级农产品	加工农产品/加工方式	加工因子
苹果	苹果汁	0.17
	苹果泥	0.30
葡萄	葡萄汁	0.2
	半年后的葡萄酒	0.17
	瓶装葡萄酒	0.14
	葡萄干	6.29
番茄	番茄酱（干）	20.05
	番茄酱（湿）	4.54
	番茄汁	0.50
	番茄泥	1.33
	番茄果脯	0.29
	番茄酱	3.92
啤酒花	啤酒	<0.009
番茄	番茄泥	1.6
	干果渣	15.5
	番茄酱	3.9
黑醋栗	黑醋栗汁	0.35
草莓	果酱	0.5
	腌制草莓	0.81
备注	RH‑9090：（2RS）‑2‑（4‑chlorophenyl）‑5‑oxo‑2‑（1H‑1, 2, 4‑triazol‑1‑ylmethyl）hexanentityile	

137.5 信息来源：1992 Report；1997 Evaluation；1998 Report；2014 Report，Evaluation

138. novaluron 氟酰脲

138.1 JMPR 残留物定义（MRL 监测）：氟酰脲

138.2 JMPR 残留物定义（膳食摄入评估）：氟酰脲

138.3 GB 2763—2016 残留物定义（MRL 监测）：氟酰脲

138.4 加工因子

初级农产品	加工农产品/加工方式	加工因子
苹果	苹果汁	0.1
	湿果渣	7.2

初级农产品	加工农产品/加工方式	加工因子
棉籽	棉籽	0.6
	壳	0.6
	油	0.6
李子	李子干	3.4，<2.8
番茄	番茄糊	<0.73
	番茄泥	1.1

138.5 信息来源：2005 Report，Evaluation；2010 Report，Evaluation

139. oxamyl 杀线威

139.1 JMPR 残留物定义（MRL 监测）：杀线威和杀线威肟之和，以杀线威表示

JMPR 在 2017 年评估时，将残留物定义为杀线威

139.2 JMPR 残留物定义（膳食摄入评估）：杀线威

139.3 GB 2763—2016 残留物定义（MRL 监测）：杀线威和杀线威肟之和，以杀线威表示

139.4 加工因子

初级农产品	加工农产品/加工方式	加工因子
柑橘	干果渣	<0.036
	精油	<0.036
	糖浆	3.45
	残渣	<0.036
菠萝	菠萝皮	1.7
	菠萝汁	1.2
番茄	清洗	0.13
	罐头	0.073
	热法榨汁	0.16
	湿果渣	0.04
	番茄汁	0.12
	番茄糊	0.36
	番茄酱	0.24
	番茄泥	0.16
	干果渣	0.013
马铃薯	清洗	<1
	皮	1.1
	已去皮并冲洗的马铃薯	<1
	新油炸薯条	<1
	老油炸薯条	<1
	炸薯条	1.3
	新油炸薯条	<1
	老油炸薯条	<1

(续)

初级农产品	加工农产品/加工方式	加工因子
马铃薯	炸薯条	<1
	颗粒	<1
带壳花生	花生壳	0.77
	花生粕	<0.17
	油	<0.17
	毛油	<0.17
	皂脚	<0.17
棉籽	去除纤维的棉籽	0.288
	棉籽壳	0.417
	油粕	0.0125
	皂脚	<0.008
	毛油	<0.008
	油	<0.008

139.5 信息来源：2002Report，Evaluation

140. oxathiapiprolin 氟噻唑吡乙酮

140.1 JMPR 残留物定义（MRL 监测）：氟噻唑吡乙酮

140.2 JMPR 残留物定义（膳食摄入评估）：氟噻唑吡乙酮及其代谢物 IN－E8S72 和 IN－SXS67，以氟噻唑吡乙酮表示

140.3 GB 2763—2016 残留物定义（MRL 监测）：无

140.4 加工因子

初级农产品	加工农产品/加工方式	加工因子
葡萄	葡萄汁	0.28
	湿果渣	2.0
	葡萄汁饮料	0.16
	葡萄干	1.4
	葡萄酒	0.14
	酿酒葡萄汁	0.62
马铃薯	拣出的等外品	0.13
番茄	晒干	6.9
	罐头（去皮）	<0.04
	番茄汁	0.16
	湿果渣	1.3
	番茄酱	1.1
备注	IN－E8S72：5－（Trifluoromethyl）－1H－pyrazole－3－carboxylic acid	

（续）

初级农产品	加工农产品/加工方式	加工因子
备注	IN-SXS67：1-ß-D-Glucopyranosyl-3-（trifluoromethyl）-1H-pyrazole-5-carboxylic acid	

140.5 信息来源：2016 Report，Evaluation

141. oxydemeton-methyl 亚砜磷

141.1 JMPR 残留物定义（MRL 监测）：亚砜磷、甲基内吸磷和砜吸磷之和，以亚砜磷表示

141.2 JMPR 残留物定义（膳食摄入评估）：亚砜磷、甲基内吸磷和砜吸磷之和，以亚砜磷表示

141.3 GB 2763—2016 残留物定义（MRL 监测）：亚砜磷、甲基内吸磷和砜吸磷之和，以亚砜磷表示

141.4 加工因子

初级农产品	加工农产品/加工方式	加工因子
棉籽	棉籽壳	0.2
	油粕	0.6
	毛油	0.2
	油	0.2

初级农产品	加工农产品/加工方式	残留量（mg/kg）
大粒豌豆	豌豆	81.75
	温水处理的豌豆	46.56
	开水处理的豌豆	5.03
	装罐处理的豌豆	2.85
蔓生豌豆	豌豆	92.52
	温水处理的豌豆	53.28
	开水处理的豌豆	6.33
	装罐处理的豌豆	2.23
蔓生豌豆	豌豆	92.52
	温水处理的豌豆	52.97
	冷冻处理的豌豆	51.85
	烹饪处理的豌豆	39.69

141.5 信息来源：1998 Report，Evaluation；2004 Evaluation

142. paraquat 百草枯

142.1 JMPR 残留物定义（MRL 监测）：百草枯阳离子

142.2 JMPR 残留物定义（膳食摄入评估）：百草枯阳离子

142.3 GB 2763—2016 残留物定义（MRL 监测）：百草枯阳离子，以二氯百草枯表示

142.4 加工因子

初级农产品	加工农产品/加工方式	加工因子
橄榄	初榨橄榄油	<0.35
	油	<0.35
马铃薯	湿皮	>1.9
	干皮	>11
	去皮马铃薯	0.27
	薯片	>0.95
	马铃薯颗粒全粉	>2.7
玉米（湿法研磨）	粗淀粉	<0.25
	淀粉	<0.25
	毛油	<0.25
	油	<0.25
玉米（干法研磨）	胚芽	0.3
	糁	0.25~0.5
	粗粕	1
	粕	0.5
	面粉	1.5
	毛油	<0.25
	成品油	<0.25
高粱	去壳谷物	0.07
	干磨麸	3.9
	粗糁	0.17
	面粉	0.14
	湿磨麸	2.3
	淀粉	0.07
	次粉	2.6
	胚芽	0.52
棉籽（棉籽，包括杂质和棉桃）	棉籽	0.08
	毛油	<0.006
	棉籽粕	<0.009
葵花籽	壳	2.8
	粕	0.05
	油	<0.05
啤酒花	啤酒花干果穗	1.2
	啤酒	<0.28

142.5 信息来源：2004 Report

143. parathion 对硫磷

143.1 JMPR 残留物定义（MRL 监测）：对硫磷

143.2 JMPR 残留物定义（膳食摄入评估）：对硫磷和对氧磷之和，以对硫磷表示

143.3 GB 2763—2016 残留物定义（MRL 监测）：对硫磷

143.4 加工因子

初级农产品	加工农产品/加工方式	加工因子
苹果	苹果干果渣	3.1
	苹果汁	0.072
干磨玉米	粗玉米粉	0.99
	粕	0.74
	面粉	0.68
	毛油	0.57
	成品油	1.4
湿磨玉米	淀粉	<0.28
	毛油	2.3
	成品油	2.4
	粕	0.74
	面粉	0.68
	毛油	0.57
	成品油	1.4
碾磨高粱	麸	1.9
	糁	0.46
	面粉	0.40
	淀粉	0.015
碾磨小麦	麸	4.6
	次粉	0.50
葵花籽	粕	0.072
	成品油	0.42

143.5 信息来源：2000 Report

144. parathion – methyl 甲基对硫磷

144.1 JMPR 残留物定义（MRL 监测）：甲基对硫磷

144.2 JMPR 残留物定义（膳食摄入评估）：甲基对硫磷和甲基对氧磷之和

144.3 GB 2763—2016 残留物定义（MRL 监测）：甲基对硫磷

144.4 加工因子

初级农产品	加工农产品/加工方式	加工因子（甲基对硫磷）	加工因子 （甲基对硫磷＋1.065甲基对氧磷）
苹果	干果渣	4.4，6.0	
葡萄	葡萄干	1.4	
	葡萄酒	0.16，0.21	
	葡萄汁	0.06	
橄榄	橄榄油	7.9，5.0，5.5，5.7，6.6	
大豆	豆荚	0.8，1.1	
	毛油	4.7，3.0	
	成品油	3.8，2.9	
	皂脚	0.35	

（续）

初级农产品	加工农产品/加工方式	加工因子（甲基对硫磷）	加工因子（甲基对硫磷+1.065甲基对氧磷）
小麦	麦麸	2.2	2.2
	面粉	0.28	0.29
	次粉	0.61	0.61
	低级小麦	0.65	0.65
	粗粉	2.1	2.1
	细麦麸和胚芽	1.8	1.8
	糙粉	0.42	0.42
	面粉	0.24	0.25
	毛油	1.33	
	成品油	1.03	
玉米	大糁	0.21	
	中糁	0.19	
	小糁	0.74	
	粗粕	0.47	
	粕	0.45	
	面粉	0.41	
	毛油	0.31	
	成品油	0.26	
稻谷	糙米	0.21	0.18
	稻壳	5.0	5.1
	稻糠	0.91	0.77
	精米	0.053	0.043
棉籽	粕	0.08	0.08
	壳	0.46	0.44
	毛油	0.44	0.44
	成品油	0.33	0.33
	皂脚	0.017	0.021
葵花籽	粕	0.08	
	成品油	0.24	
油菜籽	粕	0.22	
	毛油	2.4	
	成品油	2.0	
	加工废料	1.00	
鲜啤酒花	干啤酒花	2.3, 3.1, 3.9, 2.5, 1.8, 1.6, 2.5	2.6, 3.3, 4.9, 2.6, 1.7, 2.0, 2.8

144.5 信息来源：2000 Report，Evaluation

145. penconazole 戊菌唑

145.1 JMPR 残留物定义（MRL 监测）：戊菌唑

145.2 JMPR 残留物定义（膳食摄入评估）：

植物源食品：戊菌唑及其代谢物 CGA132465（游离和共轭物），以戊菌唑表示

动物源食品：戊菌唑及其代谢物 CGA132465（游离和共轭物）和代谢物 CGA177279，以戊菌唑表示

145.3 GB 2763—2016 残留物定义（MRL 监测）：戊菌唑

145.4 加工因子

初级农产品	加工农产品/加工方式	加工因子
葡萄	葡萄干	3.8
	湿果渣	2.9
	干果渣	17
	葡萄汁	0.25
	葡萄酒	0.25
苹果	湿果渣	2.2
	干果渣	9.0
	苹果汁	0.25
	果酱	0.17
草莓	草莓酱	0.84
	罐头	0.55
黑加仑	黑加仑汁	0.25
葡萄	葡萄干	2～3
	干果渣	22

初级农产品	加工农产品/加工方式	加工因子（2，4-二氯苯甲酸）
葡萄	葡萄干	2～6
	干果渣	4.5～11

备注	CGA132465： 4-（2，4-dichloro-phenyl）-5-［1，2，4］triazol-1-ylpentan-2-ol CGA177279： 4-（2，4-dichloro-phenyl）-5-［1，2，4］triazol-1-ylpentanoic acid

145.5 信息来源：1992 Report；1995 Report，Evaluation；2016 Report，Evaluation

146. penthiopyrad 吡噻菌胺

146.1 JMPR 残留物定义（MRL 监测）：

植物源食品：吡噻菌酯

动物源食品：吡噻菌胺和 PAM 之和，以吡噻菌胺表示

146.2 JMPR 残留物定义（膳食摄入评估）：吡噻菌胺和 PAM 之和，以吡噻菌胺表示

146.3 GB 2763—2016 残留物定义（MRL 监测）：无

146.4 加工因子

初级农产品	加工农产品/加工方式	加工因子
苹果	苹果汁	0.14
	湿果渣	4.6
	干果渣	8.8
李子	李子干	1.4
番茄	番茄汁	0.34
	番茄泥	2.0
	番茄酱	3.4
	番茄渣（湿）	5.0
	番茄渣（干）	39
大豆	大豆粕	0.23
	大豆壳	2.5
	大豆毛油	1
马铃薯	去皮马铃薯	＜0.33
甜菜	精制糖	0.31
	糖蜜	0.36
	干浆	5.3
青稞	啤酒	＜0.24
	煮熟	0.68
玉米	玉米粉	1.4
	玉米油（湿磨）	2.7
小麦	麦麸	1.8
	面粉	0.39
	胚芽	1.9
菜籽	菜籽油	1.9
	菜籽油	1.3
花生	花生粕	1.7
	花生油	4
大麦	啤酒	＜0.24
	去壳大麦	0.68
小麦	麦麸	1.8
	麦芽	2.1
备注	PAM：1-methyl-3-trifluoromethyl-1H-pyrazole-4-carboxamide，1-甲基-3-三氟甲基-1H-吡唑-4-甲酰胺	

146.5 信息来源：2012 Report；2013 Report

147. 2－phenylphenol 邻苯基苯酚

147.1 JMPR 残留物定义（MRL 监测）：邻苯基苯酚和邻苯基苯酚盐之和，以邻苯基苯酚表示

147.2 JMPR 残留物定义（膳食摄入评估）：邻苯基苯酚和邻苯基苯酚盐之和，以邻苯基苯酚表示

147.3 GB 2763—2016 残留物定义（MRL 监测）：邻苯基苯酚和邻苯基苯酚钠之和，以邻苯基苯酚表示

147.4 加工因子

初级农产品	加工农产品/加工方式	加工因子
橙	橙汁	0.031
	精油	86
	果肉（干）	3.6

147.5 信息来源：1999 Evaluation

148. phorate 甲拌磷

148.1 JMPR 残留物定义（MRL 监测）：甲拌磷及其氧类似物（亚砜、砜）之和，以甲拌磷表示

148.2 JMPR 残留物定义（膳食摄入评估）：甲拌磷及其氧类似物（亚砜、砜）之和，以甲拌磷表示

148.3 GB 2763—2016 残留物定义（MRL 监测）：甲拌磷及其氧类似物（亚砜、砜）之和，以甲拌磷表示

148.4 加工因子

初级农产品	加工农产品/加工方式	加工因子
马铃薯	清洗	0.405
	去皮	0.265
	带皮蒸煮	0.13
	去皮蒸煮	0.11
	蒸煮的马铃薯皮	0.14
	带皮烤	0.28
	去皮烤	0.27
	烤马铃薯皮	2.4
	薯条	0.38
	鲜马铃薯皮	0.68
	干马铃薯皮	2.2
	带皮微波	0.36
马铃薯	薯片	<0.07
	马铃薯粒	2.4
	去皮马铃薯	0.265
	带皮煮	0.13
	去皮煮	0.91
	带皮烤	0.28
	去皮烤	0.27
	炸薯条	0.38
	生马铃薯皮	0.68
	带皮微波烤	0.36
玉米	玉米粉	2.3
	玉米油（机械压榨）	4.0
	玉米油（溶剂提取）	4.7
	玉米脱臭油	<0.81
咖啡豆	烘焙	0.067

148.5 信息来源：2005 Report；2012 Report

149. phosalone 伏杀硫磷

149.1 JMPR 残留物定义（MRL 监测）：伏杀硫磷

149.2 JMPR 残留物定义（膳食摄入评估）：伏杀硫磷

149.3 GB 2763—2016 残留物定义（MRL 监测）：伏杀硫磷

149.4 加工因子

初级农产品	加工农产品/加工方式	加工因子
苹果	去皮	0.68
	带皮苹果，清洗	1.05
	去皮苹果蒸煮	0.16
	带皮苹果，清洗并蒸煮	0.29
	苹果整果蜜饯	0.14
	带皮，清洗苹果蜜饯	0.28

149.5 信息来源：1999 Evaluation

150. phosmet 亚胺硫磷

150.1 JMPR 残留物定义（MRL 监测）：亚胺硫磷

150.2 JMPR 残留物定义（膳食摄入评估）：亚胺硫磷

150.3 GB 2763—2016 残留物定义（MRL 监测）：亚胺硫磷

150.4 加工因子

初级农产品	加工农产品/加工方式	加工因子
柑橘	清洗	0.23，0.10
	柑橘皮	0.26，0.12
	干果渣	<0.05，<0.04
	榨柑橘汁	<0.05，<0.04
	糖蜜	<0.05，<0.04
	柑橘汁	<0.05，<0.04
	精油	4.3，2.2
葡萄	葡萄干废料	12
	干果渣	6
	湿果渣	3

150.5 信息来源：1997 Evaluation；2002 Evaluation

151. picoxystrobin 啶氧菌酯

151.1 JMPR 残留物定义（MRL 监测）：啶氧菌酯

151.2 JMPR 残留物定义（膳食摄入评估）：无

JMPR 在 2017 年评估时，将残留物定义为啶氧菌酯

151.3 GB 2763—2016 残留物定义（MRL 监测）：啶氧菌酯

151.4 加工因子

初级农产品	加工农产品/加工方式	加工因子
大麦	啤酒	0.26
	酒糟	0.66
小麦	麸	2.7
	胚芽	3.2
	全麦面粉	1.2
	面粉	0.24
	550 型白色面粉	0.97
	特级面粉	1.2
	全麦面包	0.73
	550 型白色面包	0.66
	残渣	3.4
大豆	成品油（溶剂提取）	1.4
	成品油（机械压榨）	3.4
	豆粕（溶剂提取）	0.32
	豆粕（机械压榨）	0.48
	分选谷物颗粒	260
	壳	4.3
玉米	淀粉	0.047
	糁	0.43
	面粉	1.1
	成品油（湿磨）	6.9
	成品油（干磨）	4.4
	玉米粕	0.78
	分选谷物颗粒	15

151.5 信息来源：2012 Report，Evaluation

152. piperonyl butoxide 增效醚

152.1 JMPR 残留物定义（MRL 监测）：增效醚

152.2 JMPR 残留物定义（膳食摄入评估）：增效醚

152.3 GB 2763—2016 残留物定义（MRL 监测）：增效醚

152.4 加工因子

初级农产品	加工农产品/加工方式	加工因子
橙	橙干	5.7
	精油	15
	糖浆	0.53
番茄	干果渣	34
	湿果渣	5.9
	番茄酱	0.33
	番茄汁	0.15
葡萄	葡萄干	1.1

（续）

初级农产品	加工农产品/加工方式	加工因子
葡萄	葡萄干废料	2.3
	湿葡萄渣	2.1
	干葡萄渣	5.5
	葡萄汁	0.02
马铃薯	湿马铃薯皮	>1.5
甜菜	干甜菜根	3.6
鲜豆	鲜豆罐头残渣	6.4
棉籽	棉籽毛油	6.3
	棉籽油	20
	皂脚	3.8
小麦	麦麸	2.7
	面包	0.32
	胚芽	3.0
	细麸	2.15
	面筋	1.5
	全麦面粉	0.98
	面粉	0.31
	面条	0.26
玉米	玉米芽	<0.3
	玉米油	<2.7
可可豆	烘焙	0.15~0.85
	巧克力糊	<0.1~0.53
大豆	大豆油	13.9
	油粕	1.0

152.5 信息来源：2002Evaluation

153. pirimicarb 抗蚜威

153.1 JMPR 残留物定义（MRL 监测）：抗蚜威

153.2 JMPR 残留物定义（膳食摄入评估）：抗蚜威、脱甲基抗蚜威、脱甲基甲酰抗蚜威之和，以抗蚜威表示

153.3 GB 2763—2016 残留物定义（MRL 监测）：抗蚜威

153.4 加工因子

初级农产品	加工农产品/加工方式	加工因子
苹果	苹果汁	0.745
	果酱	0.5
	果渣	1.66
李子	李子干	2.3
番茄	番茄汁	0.70
	原浆	1.49

153.5 信息来源：2006 Report

154. pirimiphos - methyl 甲基嘧啶磷

154.1 JMPR 残留物定义（MRL 监测）：甲基嘧啶磷

154.2 JMPR 残留物定义（膳食摄入评估）：甲基嘧啶磷

154.3 GB 2763—2016 残留物定义（MRL 监测）：甲基嘧啶磷

154.4 加工因子

初级农产品	加工农产品/加工方式	加工因子
小麦	麦麸	2.2
	细麸	1.3
	全麦面粉	0.71
	面粉	0.33
	全麦面包	0.36
	面包	0.097

154.5 信息来源：2003 Evaluation

155. prochloraz 咪鲜胺

155.1 JMPR 残留物定义（MRL 监测）：咪鲜胺及其含有 2，4，6-三氯苯酚部分的代谢产物之和，以咪鲜胺表示

155.2 JMPR 残留物定义（膳食摄入评估）：咪鲜胺及其含有 2，4，6-三氯苯酚部分的代谢产物之和，以咪鲜胺表示

155.3 GB 2763—2016 残留物定义（MRL 监测）：咪鲜胺及其含有 2，4，6-三氯苯酚部分的代谢产物之和，以咪鲜胺表示

155.4 加工因子

初级农产品	加工农产品/加工方式	加工因子
大麦	珍珠麦粉尘	4.1
	珍珠麦	0.44
	麦芽	0.55
	鲜啤酒	0.09
小麦	麦麸	4.3
	全麦麦麸	3.4
	麦麸（美国）	0.88
	胚芽	0.63
	全麦面粉	1.2
	面粉	0.23
	全麦面包	1.3
油菜籽	菜籽粕	0.79
	提取油	2.0
	精炼油	<0.6
新鲜蘑菇	脱水	3.7
	罐头	0.4
	罐头汁	0.65

（续）

初级农产品	加工农产品/加工方式	加工因子
葵花籽	油	1.2
	粕	0.49
青胡椒	黑胡椒	0.96
	白胡椒	0.35

155.5 信息来源：2004 Evaluation；2009 Evaluation

156. profenofos 丙溴磷

156.1 JMPR 残留物定义（MRL 监测）：丙溴磷

156.2 JMPR 残留物定义（膳食摄入评估）：丙溴磷

156.3 GB 2763—2016 残留物定义（MRL 监测）：丙溴磷

156.4 加工因子

初级农产品	加工农产品/加工方式	加工因子
棉籽	壳	1.4
	粕	0.54
	毛油	2.2
	成品油	0.4
	脱色脱臭油	0.08

156.5 信息来源：2008 Report

157. propamocarb 霜霉威

157.1 JMPR 残留物定义（MRL 监测）：霜霉威

157.2 JMPR 残留物定义（膳食摄入评估）：霜霉威

157.3 GB 2763—2016 残留物定义（MRL 监测）：霜霉威

157.4 加工因子

初级农产品	加工农产品/加工方式	加工因子
甘蓝	菜帮	4.1
	切碎	0.34
	酸菜	0.33
	酸菜汁	0.49
	酸菜（巴氏灭菌）	0.36
	酸菜汁（巴氏灭菌）	0.41
甘蓝	菜帮	5.4
	内叶	0.29
	茎（去蒂）	0.48
	烹饪	0.34
	煮熟的汁液	0.30
番茄	番茄泥	1.3
	番茄酱	3.1

157.5 信息来源：2006Evaluation

158. propargite 炔螨特

158.1 JMPR 残留物定义（MRL 监测）：炔螨特

158.2 JMPR 残留物定义（膳食摄入评估）：炔螨特

158.3 GB 2763—2016 残留物定义（MRL 监测）：炔螨特

158.4 加工因子

初级农产品	加工农产品/加工方式	加工因子
柑橘	柑橘汁	<0.09
	糖浆	0.25
	精油	23
	干果皮/干果肉	2.6
苹果	苹果汁	0.05
	苹果果酱（捣碎前去皮）	0.02
	苹果果酱（未去皮）	2.6
	苹果湿果渣	4.2
葡萄	葡萄干	1.6
	葡萄汁	0.1
	葡萄酒	0.02
	葡萄干果渣	4.2
番茄	罐装番茄	0.05
	番茄泥	1.2
棉籽	干磨和湿磨加工的油	2.9, 5.2
	干磨和湿磨加工的毛油	2.9, 5.6
	棉籽壳	3.1
	棉籽粕	<0.07
	油	1.2
花生	原榨油	3.0
	油	2.5
	花生粕	0.56
啤酒花	啤酒	<0.043

158.5 信息来源：2002Evaluation；2006Evaluation

159. propiconazole 丙环唑

159.1 JMPR 残留物定义（MRL 监测）：丙环唑

159.2 JMPR 残留物定义（膳食摄入评估）：丙环唑及所有转换为 2，4-二氯苯甲酸的代谢物，以丙环唑表示

159.3 GB 2763—2016 残留物定义（MRL 监测）：丙环唑

159.4 加工因子

初级农产品	加工农产品/加工方式	加工因子
葡萄	葡萄汁	0.05
	葡萄干	0.95
甜菜	精制甜菜	<0.45
	干甜菜根	6.8
	糖蜜	1.1
玉米	分选谷物颗粒	4.5, 14
	成品油（湿磨）	<0.81, <0.62
	淀粉（湿磨）	<0.81, <0.62
	成品油（干磨）	1.6, 1.1
	粕（干磨）	<0.81, <0.62
	糁（干磨）	<0.81, <0.62
	面粉（干磨）	<0.81, <0.62
稻谷	精米	0.16, 0.19, <0.06, 0.76
	稻糠	3.5, 3.9, 2.3, 1.7
	稻壳	4.1, 4.0, 4.1, 3.0
高粱	分选谷物颗粒	6.6, 3.5, 7.1, 3.6
	面粉	0.11, 0.077, 0.4, 0.33
小麦	分选谷物颗粒	2.0, 3.5, 1.4, 28, 34
	胚芽	0.71, 0.81, 0.91, 0.5, 1.0
	麸	3.1, 4.1, 4.6, 1.7, 3.0
	次粉	<0.7, 0.94, 0.95, 0.92, 1.38
	低级面粉	<0.7, 0.38, 0.45, <0.4, <0.4
花生	压制饼	<0.8, 0.91, 1.3, 1.3
	毛油（提取）	<0.8, <0.4, 0.47, <0.5
	毛油（溶剂）	<0.8, 0.45, 0.58, <0.5
	成品油	<0.8, <0.4, 0.37
	精制软质花生油	<0.8, <0.4, <0.3
	油渣	<0.8, <0.4, 0.63, 1.1
玉米	淀粉	<0.28
	油（湿磨）	<0.28
	面粉	0.57
	面条	0.43
	糠	1.31
	油（干磨）	<0.28

159.5 信息来源：2007 Evaluation；2014 Report

160. propineb 丙森锌

160.1 JMPR 残留物定义（MRL 监测）：二硫代氨基甲酸盐（或酯）类的总和，以酸化过程中二硫化碳形成的量判定，以 CS_2（mg/kg）表示

160.2 JMPR 残留物定义（膳食摄入评估）：丙森锌和丙烯硫脲

160.3 GB 2763—2016 残留物定义（MRL 监测）：二硫代氨基甲酸盐（或酯），以二硫化碳表示

160.4 加工因子

初级农产品	加工农产品/加工方式	加工因子	
		丙森锌	丙烯硫脲
樱桃	清洗	0.63	1
	榨汁	0.55	0.68
	蜜饯	0.15	0.5
	果酱	0.35	0.78
番茄	清洗	0.45	0.4
	榨汁	0.12	0.91
	蜜饯	0.15	0.75
	番茄酱	0.12	0.54
	番茄泥	1.1	11

160.5 信息来源：2004 Evaluation

161. prothioconazole 丙硫菌唑

161.1 JMPR 残留物定义（MRL 监测）：脱硫丙硫菌唑

161.2 JMPR 残留物定义（膳食摄入评估）：

植物源食品：脱硫丙硫菌唑

动物源食品：脱硫丙硫菌唑、3-羟基脱硫丙硫菌唑、4-羟基脱硫丙硫菌唑之和，分子量校正后以脱硫丙硫菌唑表示

161.3 GB 2763—2016 残留物定义（MRL 监测）：丙硫菌唑脱硫代谢物，以丙硫菌唑表示

161.4 加工因子

初级农产品	加工农产品/加工方式	加工因子
小麦	分选谷物颗粒	250
	麦麸	2.4
	面粉	<0.4
	胚芽	2
	次粉	0.6
	粗粉	1
油菜籽	菜籽粕	<0.7
	菜籽成品油	<0.7
花生	花生粕	1.8
	成品油	<0.1
	炒花生	0.5
	花生酱	0.6
大豆	分选谷物颗粒	75
	豆粕	0.2
	壳	0.5
	成品油	<0.2
	分选谷物颗粒	90
	淀粉	<0.28
	油（湿法压制）	<0.28

(续)

初级农产品	加工农产品/加工方式	加工因子
玉米	粗磨玉米粉	<0.28
	面粉	0.57
	玉米粕	0.43
	稻糠	1.31
	油（干法压制）	<0.28
	螺旋压制油	1
	油渣	1
	溶剂提取油	2
花生	花生饼	1.8
	花生油	<0.1
	炸花生	0.5
	花生酱	0.6
小麦	分选谷物颗粒	250
	麦麸	2.4
	面粉	<0.4
	麦麸	0.6
	胚芽	2
大豆	大豆分选谷物颗粒	75
	大豆粉	0.2
	大豆壳	0.5
	大豆油	<0.2
油菜籽	油菜籽粕	<1
	油菜籽油	<1
玉米	玉米分选谷物颗粒	90
	玉米淀粉	<1
	湿法压制玉米油	<1
	玉米粗磨粉	<1
	玉米面粉	<1
	玉米面	<1
	玉米糠	1.3
	干制玉米油	<1

161.5 信息来源：2008Evaluation；2014Evaluation

162. pymetrozine 吡蚜酮

162.1 JMPR 残留物定义（MRL 监测）：

植物源食品、哺乳动物和家禽组织及蛋类：吡蚜酮

牛奶：CGA313124

162.2 JMPR 残留物定义（膳食摄入评估）：未明确

162.3 GB 2763—2016 残留物定义（MRL 监测）：吡蚜酮

162.4 加工因子

初级农产品	加工农产品/加工方式	加工因子	
		测定值	最佳值
番茄	番茄汁（牛）	0.05	0.05
	番茄糊	＜0.03（4），＜0.4	＜0.03
	番茄泥	＜0.04，＜0.4	＜0.22
	罐装	＜0.03（4），0.07	0.03
	湿果渣	0.08，＜0.4	0.24
甜椒	烹饪	＜0.02（3）	＜0.02
备注	CGA313124：4，5 - dihydro - 6 - hydroxymethyl - 4 - ［ (3 - pyridinylmethylene) amino］ - 1，2，4 - triazine - 3 (2H) - one		

162.5 信息来源：2014 Report，Evaluation

163. pyraclostrobin 吡唑醚菌酯

163.1 JMPR 残留物定义（MRL 监测）：吡唑醚菌酯

163.2 JMPR 残留物定义（膳食摄入评估）：吡唑醚菌酯

163.3 GB 2763—2016 残留物定义（MRL 监测）：吡唑醚菌酯

163.4 加工因子

初级农产品	加工农产品/加工方式	加工因子
柑橘	柑橘皮	4.6
	湿果渣	1.41
	干果渣	6.95
	柑橘汁（巴氏灭菌）	0.08
	柑橘果酱	0.18
	柑橘罐头	0.11
	精油	6.24
李子	果酱	1.87
	李子干	4.59
樱桃	樱桃罐头	1.00
	樱桃汁	0.16
黑加仑	黑加仑汁（巴氏灭菌）	0.035
	黑加仑干罐头	0.375
	黑加仑果酱	0.415
草莓	草莓罐头	0.40
	草莓果酱	0.21

（续）

初级农产品	加工农产品/加工方式	加工因子
大麦	酿酒麦芽	1.17
	麦芽	2.33
	啤酒	<0.67
	珍珠麦	<0.67
小麦	麦麸	0.91
油菜籽	油粕	1.00
	油	1.33
棉籽	棉粕	0.18
	棉籽壳	0.18
	棉籽油	0.18
大豆	大豆壳	1.67
	豆粕	<1.67
	油	<1.67

163.5 信息来源：2004Evaluation；2011Evaluation

164. pyrethrins 除虫菊素

164.1 JMPR 残留物定义（MRL 监测）：除虫菊素，以 6 个具有生物活性的除虫菊酯类化合物的总和计算：除虫菊素 1，除虫菊素 2，瓜叶菊素 1，瓜叶菊素 2，茉酮菊素 1 和茉酮菊素 2

164.2 JMPR 残留物定义（膳食摄入评估）：除虫菊素，以 6 个具有生物活性的除虫菊酯类化合物的总和计算：除虫菊素 1，除虫菊素 2，瓜叶菊素 1，瓜叶菊素 2，茉酮菊素 1 和茉酮菊素 2

164.3 GB 2763—2016 残留物定义（MRL 监测）：除虫菊素Ⅰ与除虫菊素Ⅱ之和

164.4 加工因子

初级农产品	加工农产品/加工方式	加工因子
柑橘	干浆	7.51
	精油	20.3
	糖蜜	0.69
	柑橘汁	<0.66
葡萄	葡萄干	<0.48
	干果渣	<0.48
	湿果渣	1.32
	干果渣	5.03
	葡萄汁	<0.48
番茄	湿果渣	8.75
	干果渣	29.0
	番茄酱	<0.52
	番茄汁	<0.52
鲜豆豆荚	罐头残渣	3.49

164.5 信息来源：2000Evaluation

165. pyrimethanil 嘧霉胺

165.1 JMPR 残留物定义（MRL 监测）：

植物源食品：嘧霉胺

动物源食品：

奶类：嘧霉胺和 2 – anilino – 4，6 – dimethylpyrimidin – 5 – ol，以嘧霉胺表示

家畜组织（不包括家禽）：嘧霉胺和 2 – （4 – hydroxyanilino） – 4，6 – dimethylpyrimidine，以嘧霉胺表示

165.2 JMPR 残留物定义（膳食摄入评估）：

植物源食品：嘧霉胺

奶类：嘧霉胺和 2 – anilino – 4，6 – dimethylpyrimidin – 5 – ol，以嘧霉胺表示；

家畜组织（不包括家禽）：嘧霉胺和 2 – （4 – hydroxyanilino） – 4，6 – dimethylpyrimidine，以嘧霉胺表示

165.3 GB 2763—2016 残留物定义（MRL 监测）：嘧霉胺

165.4 加工因子

初级农产品	加工农产品/加工方式	加工因子
柑橘	清洗	0.28
	柑橘汁	0.01
	干浆	0.45
	精油	20
苹果	苹果皮	1.8
	苹果汁	0.45
	苹果浆	0.37
	苹果渣	4.1
葡萄	葡萄汁	0.7
	葡萄湿果渣	2.4
	葡萄干果渣	6.8
	葡萄干	1.6
	葡萄干残渣	19
番茄	番茄糊	0.31
	番茄泥	1.1
大豆	粕	0.23
	壳	2.5
	油	1
	去皮大豆	<0.33
甜菜	糖	0.31
	糖蜜	0.36
	干榨	5.3

（续）

初级农产品	加工农产品/加工方式	加工因子
大麦	啤酒	<0.24
	去壳大麦	0.68
玉米	玉米粉	1.4
	玉米油（湿磨）	2.7
小麦	麦麸	1.8
	面粉	0.39
	胚芽	1.9
油菜籽	油菜毛油	1.6
	油菜油	1.3
花生	粕	1.7
	花生油	4

165.5 信息来源：2007Evaluation

166. pyriproxyfen 吡丙醚

166.1 JMPR 残留物定义（MRL 监测）：吡丙醚

166.2 JMPR 残留物定义（膳食摄入评估）：吡丙醚

166.3 GB 2763—2016 残留物定义（MRL 监测）：吡丙醚

166.4 加工因子

初级农产品	加工农产品/加工方式	加工因子
棉籽	棉籽油	0.2
柑橘	精油	75
	柑橘果肉（干）	6.3
	柑橘汁	<0.03

166.5 信息来源：1999Evaluation；2000Evaluation

167. quinclorac 二氯喹啉酸

167.1 JMPR 残留物定义（MRL 监测）：二氯喹啉酸及其共轭物之和

167.2 JMPR 残留物定义（膳食摄入评估）：

植物源食品：二氯喹啉酸、二氯喹啉酸共轭物及 10％二氯喹啉酸甲酯之和，以二氯喹啉酸表示

动物源食品：二氯喹啉酸及其共轭物之和，以二氯喹啉酸表示

167.3 GB 2763—2016 残留物定义（MRL 监测）：二氯喹啉酸

167.4 加工因子

初级农产品	加工农产品/加工方式	加工因子
稻谷	稻壳	1.07
	糙米	1.02
	稻糠	3
	糙米	0.76

（续）

初级农产品	加工农产品/加工方式	加工因子
小麦	麦麸	1.83
	次粉	0.79
	精面粉	1.27
	低级面粉	0.58
	特级面粉	0.66
	胚芽	2.8
高粱	面粉	0.89
	淀粉	0.10

167.5 信息来源：2015Evaluation

168. quinoxyfen 喹氧灵

168.1 JMPR 残留物定义（MRL 监测）：喹氧灵

168.2 JMPR 残留物定义（膳食摄入评估）：喹氧灵

168.3 GB 2763—2016 残留物定义（MRL 监测）：喹氧灵

168.4 加工因子

初级农产品	加工农产品/加工方式	加工因子
大麦	麦芽	0.5
	酒糟	0.5
	啤酒	0.1
红酒葡萄	未发酵葡萄汁	0.13
	果渣	3.1
	葡萄酒（2个月）	0.03
	葡萄酒（6个月）	0.03
白酒葡萄	未发酵葡萄汁	0.07
	果渣	5.2
	新葡萄酒（2个月）	0.01
	熟葡萄酒（6个月）	0.01
红酒葡萄	未发酵葡萄汁	0.04
	果渣	2.2
	酒（浅龄）	0.004
	酒（熟龄）	0.004
白酒葡萄	未发酵葡萄汁	0.07
	巴氏灭菌葡萄汁	0.07
	果渣	5.1
	浅龄酒	0.01
	巴氏灭菌浅龄酒	0.01
	熟龄酒	0.01
	巴氏灭菌熟龄酒	0.01

（续）

初级农产品	加工农产品/加工方式	加工因子
白酒葡萄	未发酵葡萄汁	0.06
	果渣	3.3
	新葡萄酒（2个月）	0.004
	熟葡萄酒（6个月）	0.004
葡萄	葡萄汁	0.07
	果渣	3.8
	浅龄酒（2个月）	0.01
	熟龄酒（6个月）	0.01
葡萄	葡萄干	0.66
	葡萄汁	0.06

168.5 信息来源：2006 Report，Evaluation

169. quintozene 五氯硝基苯

169.1 JMPR 残留物定义（MRL 监测）：

植物源食品：五氯硝基苯

动物源食品：五氯硝基苯、五氯苯胺（PCA）和五氯苯醚（PCTA），以五氯硝基苯表示

169.2 JMPR 残留物定义（膳食摄入评估）：五氯硝基苯、五氯苯胺（PCA）和五氯苯醚（PCTA），以五氯硝基苯表示

169.3 GB 2763—2016 残留物定义（MRL 监测）：

植物源食品：五氯硝基苯

动物源食品：五氯硝基苯、五氯苯胺和五氯苯醚之和

169.4 加工因子

初级农产品	加工农产品/加工方式	加工因子			
		五氯硝基苯	PCTA	PCA	五氯苯
花生	花生壳	2.5		1.2	1.3
	毛油		1.6	1.2	1.3
	花生仁	1.1			
	油		2.1		1.7

169.5 信息来源：1995Report，Evaluation；1998Report，Evaluation

170. saflufenacil 苯嘧磺草胺

170.1 JMPR 残留物定义（MRL 监测）：苯嘧磺草胺

170.2 JMPR 残留物定义（膳食摄入评估）：苯嘧磺草胺

170.3 GB 2763—2016 残留物定义（MRL 监测）：苯嘧磺草胺

170.4 加工因子

初级农产品	加工农产品/加工方式	加工因子
大豆	豆油	0.25
	大豆粕	0.65
	大豆外壳	7.9

（续）

初级农产品	加工农产品/加工方式	加工因子
葵花籽油	葵花籽油	0.03
	葵花籽粕	0.8

170.5 信息来源：2011 Report

171. spinetoram 乙基多杀菌素

171.1 JMPR 残留物定义（MRL 监测）：乙基多杀菌素

171.2 JMPR 残留物定义（膳食摄入评估）：乙基多杀菌素和乙基多杀菌素的 N-脱甲基、N-甲酰基代谢物

171.3 GB 2763—2016 残留物定义（MRL 监测）：乙基多杀菌素

171.4 加工因子

初级农产品	加工农产品/加工方式	加工因子	
		乙基多杀菌素	乙基多杀菌素+两个代谢物
柑橘	柑橘汁	<0.05	<0.07
	果肉（干）	2.4	2.3
苹果	苹果汁	<0.37	<0.44
	干果渣	8.1	6.0
	果酱	0.45	0.47
备注	两个代谢物分别是：N-demethyl-175 J 和 N-formyl-175 J N-demethyl-175-J： 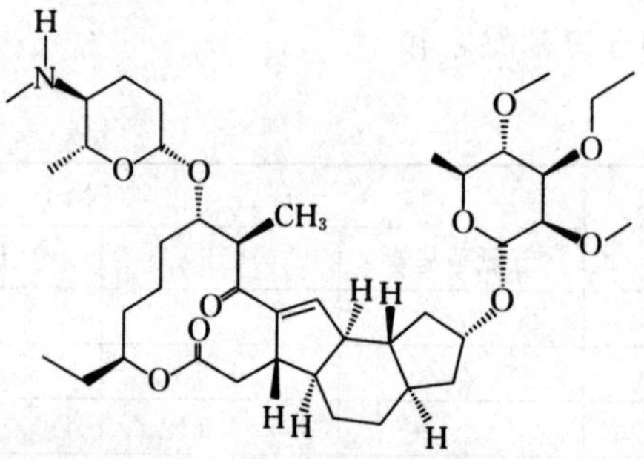 N-formyl-175-J： 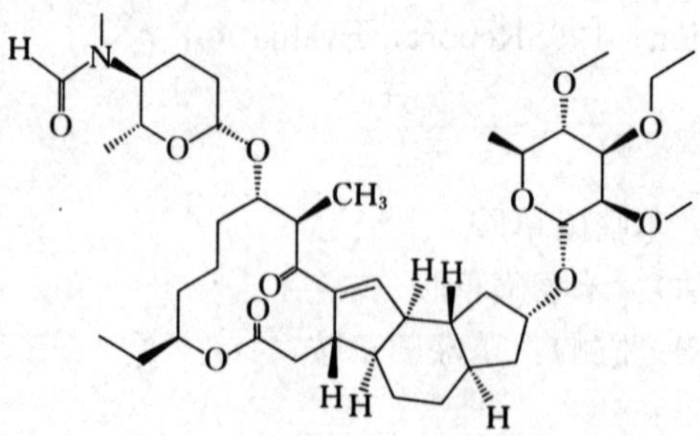 		

171.5 信息来源：2008Report，Evaluation；2012Report，Evaluation

172. spinosad 多杀霉素

172.1 JMPR 残留物定义（MRL 监测）：多杀霉素 A 和多杀霉素 D 之和

172.2 JMPR 残留物定义（膳食摄入评估）：多杀霉素 A 和多杀霉素 D 之和

172.3 GB 2763—2016 残留物定义（MRL 监测）：多杀霉素 A 和多杀霉素 D 之和

172.4 加工因子

初级农产品	加工农产品/加工方式	加工因子	
		多杀菌素 A	多杀菌素 A+D
葡萄	果渣	3	3.0
	未发酵葡萄汁	2	
	瓶装葡萄酒	＜1	＜1
	4 个月后葡萄酒	＜1	＜1
葡萄	果渣	2.0	2.3
	未发酵葡萄酒	＜0.5	0.3
	瓶装葡萄酒	＜0.5	＜0.3
	4 个月后葡萄酒	＜0.5	＜0.3
葡萄	果渣	＜1	＜0.5
	未发酵葡萄酒	1	0.5
	瓶装葡萄酒	＜1	＜0.5
	4 个月后葡萄酒	＜1	＜0.5
番茄	番茄汁	0.033	0.026
	番茄泥	0.20	0.18
	番茄罐头	＜0.03	＜0.03
番茄	清洗	0.34	0.29
	番茄汁	0.29	0.18
	湿果渣	8.9	8.6
	干果渣	15	14
	果泥	0.68	0.58
	番茄浆	1.94	1.94
棉籽	棉籽壳	0.20	0.20
	天然油	0.18	0.18
	加工油	0.20	0.20
	皂脚	＜0.17	＜0.17
苹果	清洗	0.71	0.71
	苹果汁	0.08	0.07
	湿果渣	5.2	5.2
柑橘	清洗	0.22	0.19
	柑橘汁	＜0.15	＜0.13
	精油	12	13

172.5 信息来源：2001Evaluation；2004Evaluation

173. spirodiclofen 螺螨酯

173.1 JMPR 残留物定义（MRL 监测）：螺螨酯

173.2 JMPR 残留物定义（膳食摄入评估）：

植物源食品：螺螨酯

动物源食品：螺螨酯，螺螨酯-烯醇的总和，以螺螨酯表示

173.3 GB 2763—2016 残留物定义（MRL 监测）：螺螨酯

173.4 加工因子

初级农产品	加工农产品/加工方式	加工因子	
		测定值	最佳值
柑橘	柑橘果酱	<0.56，<0.56，<0.56	<0.56
	柑橘汁（巴氏灭菌）	0.05	0.05
	柑橘汁（巴氏灭菌，浓缩）	0.15	0.15
	柑橘果肉	1.4	1.4
	精油	72	72
苹果	清洗	0.65，1.0，1.2，1.3，1.3	1.2
	去皮	0.06	0.06
	苹果酱	<0.02，0.02，<0.71，<0.71，<0.71	0.02
	苹果汁（巴氏灭菌）	<0.02 (2)，<0.71，<0.71，<0.71	<0.02
	苹果汁（巴氏灭菌，浓缩）	<0.02，<0.02	<0.02
	苹果湿果渣	3.8，4.9，5.4，5.8，7.3	5.4
	苹果干果渣	16，17，21	17
	苹果干	<0.02，0.16	0.09
桃	清洗	<0.74，<0.74，0.76	<0.74
李子	清洗	1.4	1.4
	李子干	2.5	2.5
葡萄	清洗	0.65，1.2	0.92
	葡萄干	0.95，1.8，2.1，2.1，2.7，4.0	2.1
	葡萄汁（巴氏灭菌）	<0.006，0.0081，<0.54，<0.54，<0.54	0.0081
	葡萄汁（巴氏灭菌，浓缩）	0.019，0.067	0.043
	白酒	<0.28，<0.28	<0.28
	红酒	<0.24，<0.24	<0.24
草莓	清洗	<0.5，<0.5，<0.5，<0.5	<0.5
	草莓果脯（罐装）	<0.5，<0.5，<0.5，<0.5	<0.5
	草莓果酱	<0.5，<0.5，<0.5，<0.5	<0.5
啤酒花	啤酒（啤酒花发酵）	<0.001，<0.001，<0.004，<0.005	<0.001

173.5 信息来源：2009Evaluation

174. spiromesifen 螺甲螨酯

174.1 JMPR 残留物定义（MRL 监测）：螺甲螨酯和螺甲螨酯烯醇之和，以螺甲螨酯表示

174.2 JMPR 残留物定义（膳食摄入评估）：

植物源食品：螺甲螨酯、螺甲螨酯烯醇和 4-羟甲基螺甲螨酯烯醇（游离和共轭物）之和，以螺甲螨酯表示

动物源食品：螺甲螨酯和螺甲螨酯烯醇之和，以螺甲螨酯表示

174.3 GB 2763—2016 残留物定义（MRL 监测）：无

174.4 加工因子

初级农产品	加工农产品/加工方式	加工因子	
		测量值	最佳值
草莓	草莓酱	0.44，0.46，0.47，0.58	0.46
	蜜饯	0.28，0.28，0.32，0.27	0.28
花椰菜	水煮	1.9	
南瓜	水煮	0.70	
番茄	罐头	0.21，<0.06，<0.07，0.17，0.35	0.21
	罐头番茄汁	0.72，<0.06，0.13，0.35，0.3	0.35
	果泥	0.78，0.72，1.2，2.3，2	1.2
	果酱	2.6	
	湿果渣	4.1，8.3，7.4，7.6	7.5
	制干	5	
芥菜	水煮	0.14	
菠菜	水煮	2.1	
棉籽	油	0.043，0.026	0.034
	棉粕	0.08，0.21	0.14
	棉籽壳	0.34	
茶叶（绿茶、红茶）	茶汤	0.034	
备注	螺甲螨酯烯醇：Spiromesifen - enol 4 -羟甲基螺甲螨酯烯醇：4 - Hydroxymethyl - Spiromesifen - enol 		

174.5 信息来源：2016Report，Evaluation

175. spirotetramat 螺虫乙酯

175.1 JMPR 残留物定义（MRL 监测）：

植物源食品：螺虫乙酯及其烯醇类代谢产物之和，以螺虫乙酯表示

动物源食品：螺虫乙酯烯醇类代谢产物，以螺虫乙酯表示

175.2 JMPR 残留物定义（膳食摄入评估）：

植物源食品：螺虫乙酯及其烯醇代谢产物、羟基酮代谢产物、烯醇葡糖苷、单羟基代谢产物之和，以螺虫乙酯表示。

动物源食品：螺虫乙酯烯醇类代谢产物，以螺虫乙酯表示

175.3 GB 2763—2016 残留物定义（MRL 监测）：螺虫乙酯及其烯醇类代谢产物之和，以螺虫乙酯表示

175.4 加工因子

初级农产品	加工农产品/加工方式	加工因子
柑橘	柑橘汁	<0.86，<0.83，<0.56，<0.56，<0.30，<0.40
	果酱	<0.83，<0.83，<0.56，0.37
柑橘	果肉（干）	1.3
	精油	14
苹果	苹果汁	<0.57，<0.87，0.39，0.40
	果酱	0.78，<0.87，0.65，0.13
	果渣，干	6.8，4.5，6.0，6.8，6.4，1.9
樱桃	成品（罐装）	0.46，0.48，0.58，0.46
葡萄	葡萄干	1.5，3.1，2.6
	葡萄汁	0.66
	葡萄果酱	0.27
	葡萄渣	1.7，1.8，1.9
	葡萄酒	0.68，0.76，0.44，0.38
李子	李子干	2.2
番茄	番茄汁	0.63，0.58，0.48，0.67，0.91
	成品（罐装）	0.72，0.46，0.39，0.71，1.1
	番茄酱	1.2，0.92，0.58，0.71，3.4
	番茄酱	7.4
	番茄干	12
法国蔓菜豆	烹饪	0.39，0.30，0.54，0.82
马铃薯	炸马铃薯片	1.2
	马铃薯片	3.5
	马铃薯块茎，剥皮后煮熟	1.3
	马铃薯皮	0.95
啤酒花	啤酒	<0.034，<0.030，<0.014，<0.013

初级农产品	加工农产品/加工方式	加工因子	
		总残留	螺虫乙酯+烯醇
棉籽	棉粕	1.25	2.28
	去壳后的棉籽	1.05	0.55
	油	<1	<1
大豆	分选谷物颗粒	4.12	3.0
	豆粕	1.37	1.33
	去壳大豆	<1	<1
	大豆油	<1	<1
	脱脂豆粕	1.01	<1
	豆奶	<1	<1

初级农产品	加工农产品/加工方式	加工因子
豆类	煮熟	0.46
番茄	罐头	0.58
樱桃	罐头	0.47

175.5 信息来源：2008Report，Evaluation；2015Report，Evaluation

176. sulfoxaflor 氟啶虫胺腈

176.1 JMPR 残留物定义（MRL 监测）：氟啶虫胺腈

176.2 JMPR 残留物定义（膳食摄入评估）：氟啶虫胺腈

176.3 GB 2763—2016 残留物定义（MRL 监测）：氟啶虫胺腈

176.4 加工因子

初级农产品	加工农产品/加工方式	加工因子
苹果	湿果渣	1.1
	干果渣	4.2
	苹果汁	0.4
	果酱	0.6
大麦	珍珠麦	0.7
	麦麸	1.0
	大麦粉	0.8
	麦芽	1.3
	啤酒	0.2
结球甘蓝	泡菜	0.09
油菜籽	菜籽粕	1.9
	菜籽油	0.3
胡萝卜	胡萝卜汁	2.4
樱桃	樱桃汁	0.8
	果酱	1.1
	樱桃干	5.1
棉籽	棉壳	1.8
	棉粕	0.8
	油	<0.1
葡萄	葡萄干	3.5
	葡萄汁	0.7
	葡萄渣	1.0
	葡萄酒	0.7
柑橘	柑橘汁	0.14
	果肉	2.5
	果肉（干）	8.3
	精油	<0.2
	柑橘皮	5.6
马铃薯	马铃薯片	2.5
	炸马铃薯片	2.1
	马铃薯干	3.6
	炸薯条	1.6

(续)

初级农产品	加工农产品/加工方式	加工因子
大豆	大豆粉	1.3
	大豆壳	1.5
	大豆油	0.3
	大豆汁	0.3
草莓	果酱	0.4
	浓汁	4.7
甜菜	原糖	1.8
	糖蜜	10
	干果酱	3.0
	甜菜汁	1.0
番茄	番茄酱	2.1
	番茄汁	1.0
	番茄糊	2.0
	番茄泥	4.4
	番茄酱	2.1
小麦	麦麸	0.4
	精面粉	0.2
	次粉	0.2
	面包	<0.2
	淀粉	<0.2
	面筋	<0.2

176.5 信息来源：2011Report；2014Report

177. sulfurylfluoride 硫酰氟

177.1 JMPR 残留物定义（MRL 监测）：硫酰氟

177.2 JMPR 残留物定义（膳食摄入评估）：硫酰氟和氟离子

177.3 GB 2763—2016 残留物定义（MRL 监测）：硫酰氟

177.4 加工因子

初级农产品	加工农产品/加工方式	加工因子
小麦	面粉	1.26
	麦麸	2.56
	杂质	0.9
	胚芽	4.83
玉米	粗粉	0.47
	玉米面粉	0.73
	玉米粉	0.78
	杂质	5.49

177.5 信息来源：2005Evaluation

178. tebuconazole 戊唑醇

178.1 JMPR 残留物定义（MRL 监测）：戊唑醇

178.2 JMPR 残留物定义（膳食摄入评估）：戊唑醇

178.3 GB 2763—2016 残留物定义（MRL 监测）：戊唑醇

178.4 加工因子

初级农产品	加工农产品/加工方式	加工因子（n）
苹果	苹果汁	0.23（4）
	苹果汁（浓缩）	0.33（2）
	苹果酱	0.34（3）
	苹果（干）	0.61（3）
	苹果湿果渣	2.6（2）
	苹果干果渣	12.7（2）
李子	李子干	2.9（2）
	李子酱	1
	蜜饯	0.67
桃	桃汁	0.2
	桃酱	0.013
	桃蜜饯	0.013
葡萄	葡萄酒	0.28（22）
	葡萄干	1.2（4）
甘蓝	甘蓝（烹调）	0.38（4）
番茄	番茄汁	0.55（4）
	番茄蜜饯	0.3（3）
	番茄泥	0.33（6）
	番茄酱	3.2（6）
大豆	大豆油	0.07
	大豆谷物组分颗粒	276
	大豆，壳	1.1
	大豆粕	0.2
大麦	大麦啤酒	0.025（4）
棉籽	棉籽油	0.01
	棉籽粕	0.01
	棉籽壳	0.01
油菜籽	菜籽油	1.1（6）
	菜籽粕	0.83（6）
花生	花生油	0.01
	花生粕	0.86
咖啡豆	烘焙	2
	速溶咖啡	0.8
啤酒花	啤酒	<0.01

(续)

初级农产品	加工农产品/加工方式	加工因子（n）
人参	人参（干）	2，1.88，2，2.67，2.5，3，2.67，2.5，2.33
	红参	<1，1，<1<2，<2，<2，<2，<1.5，<2
	人参（干，水提取）	3.33，3.35，3.17，4，3.75，3.33，4.3，4，3.7
	红参（水提取）	1.33，1.87，1，2.67，1.5，<2
	人参（含水量≤14%）	2.5
	红参（含水量50%~55%）	1.0
人参，红参	人参（干，水提取）	3.35
	红参（干，水提取）	1.87

178.5 信息来源：2011Report；2015Report，Evaluation

179. tecnazene 四氯硝基苯

179.1 JMPR 残留物定义（MRL 监测）：四氯硝基苯

179.2 JMPR 残留物定义（膳食摄入评估）：四氯硝基苯

179.3 GB 2763—2016 残留物定义（MRL 监测）：四氯硝基苯

179.4 加工因子

马铃薯储藏时间（d）或处理方式	残留量（mg/kg）					
	四氯硝基苯		TCA		TCTA	
	测定值	平均值	测定值	平均值	测定值	平均值
42 d	2.2~9.4	6.5	0.017~0.07	0.045	0.01~0.12	0.04
90~205 d 常规不密闭储存	2.4~18.0	6.8	0.022~0.550	0.13	<0.01，0.18	0.06
煮沸（18个样品）	0.89~5.0	2.1	0.03~0.37	0.12	<0.01，0.09	0.05
烘烤（18个样品）	0.19~3.6	1.6	0.01~0.32	0.17	0.02~0.36	0.09
微波烹调（16个样品）	0.84~3.8	2.5	0.01~0.44	0.13	<0.01~0.15	0.06
备注	TCA：2，3，5，6-tetrachloroaniline TCTA：2，3，5，6-tetrachloro thioanisole					

179.5 信息来源：1994Evaluation

180. teflubenzuron 氟苯脲

180.1 JMPR 残留物定义（MRL 监测）：氟苯脲

180.2 JMPR 残留物定义（膳食摄入评估）：氟苯脲

180.3 GB 2763—2016 残留物定义（MRL 监测）：氟苯脲

180.4 加工因子

农产品及产地	农产品	残留值（mg/kg）
苹果（美国）	苹果	0.1，0.1
	苹果湿果渣	0.13，0.16
	苹果汁	<0.05，<0.05
	苹果干果渣	2.5，1.9
苹果（美国）	苹果	<0.05，<0.05
	苹果湿果渣	0.4，0.51
	苹果汁	0.07，0.06

（续）

农产品及产地	农产品	残留值（mg/kg）
苹果（美国）	苹果干果渣	6.2，5.8
苹果（德国）	苹果	0.12
	清洗	0.19
	苹果汁	＜0.01
	苹果渣	0.46
	苹果酱	0.03
	苹果干	1.4
李子（德国）	李子	＜0.01
	李子酱	＜0.01
	李子干	0.02
樱桃（德国）	樱桃去核	0.31
	蜜饯	0.12
	樱桃汁	0.21
	樱桃酱	0.1
葡萄（德国）	葡萄	0.12
	葡萄汁	＜0.05
	葡萄酒	＜0.05
葡萄（德国）	葡萄	0.26
	葡萄汁	＜0.01
	葡萄酒	＜0.01
葡萄（德国）	葡萄	0.16
	葡萄汁	＜0.01
	葡萄酒	＜0.01
马铃薯（美国）	马铃薯	＜0.05，＜0.05
	炸薯条	＜0.05，＜0.05
	法式炸薯条	＜0.05，＜0.05
马铃薯（美国）	马铃薯	＜0.05，＜0.05
	炸薯条	＜0.05，＜0.05
	法式炸薯条	0.1，＜0.05
大豆（美国）	大豆	＜0.05
	大豆	＜0.05
	豆壳	＜0.05
	初榨油	＜0.05，0.06
	精炼油	0.06
	精炼脱色油	＜0.05，0.14
棉籽（危地马拉）	棉籽	＜0.05
	毛油	＜0.1
	油	＜0.1
	油粕	＜0.05
	纤维	0.93

(续)

农产品及产地	农产品	残留值（mg/kg）
棉籽（危地马拉）	棉籽	<0.05
	毛油	<0.1
	油	<0.1
	油粕	<0.05
	纤维	2.1
棉籽（墨西哥）	棉籽	<0.05
	毛油	0.1
	油	<0.1
	油粕	<0.05
	纤维	0.25
番茄（美国）	番茄浓缩汁	0.1，0.11
	番茄渣	1.2，0.94
	番茄汁	<0.05，<0.05
	番茄泥	0.07，0.08

180.5 信息来源：1996Evaluation

181. thiabendazole 噻菌灵

181.1 JMPR 残留物定义（MRL 监测）：

植物源食品：噻菌灵

动物源食品：噻菌灵和 5-羟基噻菌灵之和

181.2 JMPR 残留物定义（膳食摄入评估）：

植物源食品：噻菌灵

动物源食品：噻菌灵和 5-羟基噻菌灵及其硫酸共轭物之和

181.3 GB 2763—2016 残留物定义（MRL 监测）：噻菌灵

181.4 加工因子

初级农产品	加工农产品/加工方式	加工因子
柑橘	果汁（巴氏灭菌）	0.14
	干柑橘渣	5.7

181.5 信息来源：2000Evaluation；2006Evaluation

182. thiamethoxam 噻虫嗪

182.1 JMPR 残留物定义（MRL 监测）：噻虫嗪

182.2 JMPR 残留物定义（膳食摄入评估）：

除家禽外的动植物产品：噻虫嗪和代谢物噻虫胺（CGA322704），两者分别考虑

家禽：噻虫嗪、CGA265307 和 MU3 的总和，以噻虫嗪和噻虫胺表示（二者分别考虑）

182.3 GB 2763—2016 残留物定义（MRL 监测）：噻虫嗪

182.4 加工因子

初级农产品	加工农产品/加工方式	加工因子（噻虫嗪）	
		测定值	最佳值
苹果	苹果汁	0.20, 0.27, 0.38, 0.92, 0.94, 1.00, <1.00, 1.04	0.93
	湿果渣	1.08, 1.38, 1.41, 1.50, 1.60, 1.67, 1.91, 2.00	1.55
大麦	大麦粉	0.08	
	珍珠麦	0.25	
咖啡豆	烘焙	<0.14, <0.14, <0.17, <0.20, <0.20, <0.20, <0.25, <0.25, <0.25, <0.33, <0.33, <0.50	<0.14
棉籽	棉粕	0.15, 0.20, 0.27, <0.3, 0.49	0.27
	棉籽油	<0.02, <0.08, <0.09, <0.20, <0.33	<0.02
葡萄	干葡萄渣	3.4, 4.4	3.9
	湿葡萄渣	1.3, 1.5, 4.3	1.5
	葡萄酒	0.70, 0.73, 0.79, 1.00, 1.05, 1.33, 1.60, 1.60	1.0
柑橘	果肉（干）	2.0, 3.25	2.6
	柑橘汁	<0.25, <0.5	<0.25
李子	李子干	0.60, 0.83, <1.0	0.83
芒果	果肉（干）	4.0, 6.7, 7.3, 5.0	5.9
薄荷	薄荷精油	<0.02, <0.03	<0.02
番茄	番茄汁	0.67, 1.0	0.67
	番茄泥	1.25, 2.00, 2.24, 2.40, 2.94, 2.94, 3.10, 3.86, 3.91, 4.21, 4.33, 6.00	3.0
	番茄浆	1.0, 1.0	1.0
	番茄糊	0.40, 0.50, 0.64, 0.91, 1.06, 1.12, 1.13, 1.50, 1.87, 2.00, 2.21, 2.50	1.1
小麦	全麦面粉	<0.7	
	麦麸	1	
	面包	<0.7	
	面粉	<0.7	

初级农产品	加工农产品/加工方式	加工因子（噻虫胺，CGA322704）	
		测定值	最佳值
苹果	苹果汁	1.0, 1.0, 1.0	1.0
	干果渣	1.4, 1, 5, 1.5	1.5
咖啡豆	烘焙	<0.33, <0.33, <0.33, <0.33, <0.33, <0.50, <0.50, <0.50, <0.50, <0.50	<0.3
李子	李子干	1.5, 2.0	1.75
芒果	芒果，果肉（干）	5.7, 8.4, 7.00, 4.00	6.3
薄荷	薄荷精油	<0.19, <0.22	<0.20
番茄	番茄泥	2.00, 2.38, 3.33, 3.75, 5.50, 5.78, 6.0, 6.0, 6.5, 6.5, 9.7, 11.3	5.9
	番茄糊	0.50, 0.67, 1.0, 1.19, 1.33, 1.75, 2.50, 2.75, 3.0, 3.44, 3.54, 6.0	2.1

（续）

初级农产品	加工农产品/加工方式	加工因子（噻虫嗪）		
芒果	果肉（匀浆）	0.56，1.00，0.67，0.5		
	制干	4.00，6.73，7.33，0.12		
芒果	果肉	0.6		
	制干	5.9		
薄荷	薄荷精油	<0.02，<0.03		
初级农产品	加工农产品/加工方式	噻虫胺加工因子		
芒果	果肉（匀浆）	0.67，1.20，0.83，0.33		
	制干	5.67，8.40，7.00，4.00		
芒果	果肉	0.8		
	制干	6.3		
薄荷	薄荷精油	<0.22，<0.19		
备注	CGA265307：N-（2-氯噻唑-5-亚甲基）-N′-硝基胍 MU3：氨基-｛［（2-氯噻唑-5-亚甲基）氨基］-亚甲基｝-酰肼 CGA322704：N-（2-氯噻唑-5-亚甲基）-N′-甲基-N″-亚基胍			

182.5 信息来源：2010Report；2012Report；2014Report

183. thiodicarb 硫双威

183.1 JMPR 残留物定义（MRL 监测）：硫双威和灭多威，以灭多威表示

183.2 JMPR 残留物定义（膳食摄入评估）：硫双威和灭多威，以灭多威表示

183.3 GB 2763—2016 残留物定义（MRL 监测）：硫双威

183.4 加工因子

初级农产品	加工农产品/加工方式	平均残留量（mg/kg）	加工因子
大豆	大豆	0.04	
	豆壳	0.16	3.6
	豆粕	<0.04	<1
	油	<0.04	<1
	毛油	<0.04	<1
	皂脚	<0.04	<1
	大豆粉尘	1.24	29
番茄	番茄	5.6	
	清洗	0.62	0.11
	湿番茄渣	1.5	0.27
	干番茄渣	3.9	0.70
	番茄汁	0.26	0.05
	番茄浆	<0.04	<0.01
	番茄糊	0.07	0.01

（续）

初级农产品	加工农产品/加工方式	平均残留量（mg/kg）	加工因子
番茄	番茄	1.4	
	番茄酱	<0.04	<0.03
	番茄糊	<0.04	<0.03
苹果	苹果	5.4	
	鲜榨苹果汁	0.58	0.11
	罐头汁	0.074	0.014
	苹果湿果渣	2.0	0.37
苹果	苹果	4.6	
	清洗	1.4	0.30
	苹果汁	<0.02	<0.01
	苹果湿果渣	1.1	0.24
葡萄（法国，1988）	葡萄	0.66	
	葡萄酒	<0.08	0.12
葡萄（法国，1988）	葡萄	0.22	
	葡萄酒	<0.08	0.36
葡萄（法国，1992）	葡萄	0.16	
	葡萄酒	<0.05	0.31
葡萄（法国，1992）	葡萄	0.11	
	葡萄酒	<0.05	0.45
葡萄（法国，1995）	葡萄	0.096	
	葡萄酒	<0.025	0.31
葡萄（法国，1995）	葡萄	0.32	
	葡萄酒	0.15	0.47
葡萄（西班牙，1993）	葡萄	1.4	
	葡萄酒	<0.05	0.036

初级农产品	加工农产品/加工方式		加工因子
甜玉米（明尼苏达州，美国，1992）	粒＋芯		<0.02
	粒		0.03
	罐头废料		1.28
	废料		>64
甜玉米（威斯康星州，美国，1992）	粒＋芯		0.07
	粒		0.06
	罐头废料		5.46
	废料		78

初级农产品	加工农产品/加工方式	平均残留量（mg/kg）	加工因子
棉籽（安全间隔期28 d）	棉籽	0.184，0.215（0.20）	
	棉籽壳	0.22	1.1
	毛油	<0.04	<0.2
	油	<0.04	<0.2
	皂脚	0.06	0.31
	棉粕	0.05	0.26

183.5 信息来源：2000Evaluation

184. thiram 福美双

184.1 JMPR 残留物定义（MRL 监测）：二硫代氨基甲酸盐（或酯）类的总和，以酸化过程中二硫化碳形成的量判定，以 CS2（mg/kg）表示

184.2 JMPR 残留物定义（膳食摄入评估）：福美双

184.3 GB 2763—2016 残留物定义（MRL 监测）：二硫代氨基甲酸盐（或酯），以二硫化碳表示

184.4 加工因子

初级农产品	加工农产品/加工方式	福美双残留量（mg/kg）	加工因子
苹果	苹果	11.5	
	苹果汁	3.3	
	苹果湿果渣	11.8	
	苹果干果渣	42	
葡萄	葡萄		
	葡萄酒		<0.023，<0.033，<0.053，<0.062，<0.071，<0.083，<0.083，<0.083

184.5 信息来源：1996Report，Evaluation

185. tolfenpyrad 唑虫酰胺

185.1 JMPR 残留物定义（MRL 监测）：

植物源食品：唑虫酰胺

动物源食品：唑虫酰胺、PT－CA 游离和共轭物以及碱解释放的 OH－PT－CA，以唑虫酰胺表示

185.2 JMPR 残留物定义（膳食摄入评估）：

植物源食品：唑虫酰胺

动物源食品：唑虫酰胺、PT－CA 游离和共轭物以及碱解释放的 OH－PT－CA，以唑虫酰胺表示

185.3 GB 2763—2016 残留物定义（MRL 监测）：唑虫酰胺

185.4 加工因子

初级农产品	加工农产品/加工方式	加工因子
绿茶	茶汤	0.043
备注	OH－PT－CA： 4－［4－［［4－chloro－3－（1－hydroxyethyl）－1－methylpyrazol－5－yl］carbonylaminomethyl］phenoxy］benzoicacid PT－CA： 4－［4－［（4－chloro－3－ethyl－1－methylpyrazol－5－yl）carbonylaminomethyl］phenoxy］benzoicacid 	

185.5 信息来源：2013Report；2016Report

186. tolylfluanid 甲苯氟磺胺

186.1 JMPR 残留物定义（MRL 监测）：甲苯氟磺胺

186.2 JMPR 残留物定义（膳食摄入评估）：甲苯氟磺胺和 N，N-二甲基-N'-（4-甲苯基）-硫酰胺（DMST），以甲苯氟磺胺表示

186.3 GB 2763—2016 残留物定义（MRL 监测）：甲苯氟磺胺

186.4 加工因子

初级农产品	加工农产品/加工方式	加工因子
苹果	苹果汁	0.09
	苹果酱	0.32
	苹果罐头	<0.06
	苹果湿果渣	2.7
	苹果干果渣	9.8
梨	梨汁	0.03
	梨罐头	<0.02
葡萄	葡萄酒	1.0
	葡萄汁	<0.53
	葡萄渣（湿）	16
	葡萄渣（干）	25
	葡萄干	3.2
黑加仑	清洗	0.84
	黑加仑汁	0.26
	黑加仑冻	0.56
草莓	清洗	0.59
	草莓酱	0.22
	草莓罐头	0.21
番茄	番茄汁	0.52
	番茄酱	4.0
	番茄糊	1.7
	番茄渣（湿）	6.2
	番茄渣（干）	51
啤酒花	啤酒	0.003
	啤酒花渣	0.34
	啤酒花粕	0.06
	啤酒酵母	0.012

186.5 信息来源：2002Report；2003Evaluation

187. triadimefon/triadimenol 三唑酮/三唑醇

187.1 JMPR 残留物定义（MRL 监测）：三唑酮和三唑醇之和

187.2 JMPR 残留物定义（膳食摄入评估）：三唑酮和三唑醇之和

187.3 GB 2763—2016 残留物定义（MRL 监测）：三唑酮和三唑醇之和

187.4 加工因子

初级农产品	加工农产品/加工方式	加工因子	
		测定值	最佳值
苹果	清洗	0.83, 1.0, <0.83	0.92
	苹果汁	0.5, <0.56, <0.63, <0.63, <0.7, <0.8,	0.63
	苹果酱	<0.5, <0.56, <0.63, <0.63, <0.7, <0.8, <0.83	0.63
葡萄	未发酵葡萄汁	0.13, 0.18, <0.24, <0.25, 0.29, <0.35, <0.41, <0.42, <0.47, 0.5, <0.56, <0.63, <0.71 (3), <0.83	0.45
	葡萄酒	0.09, 0.1, <0.25, 0.29, <0.33, <0.33, <0.35, <0.41, <0.42, <0.5, <0.56, <0.63, <0.71 (3), <0.83	0.42
	葡萄汁	<0.25, 0.33, <0.56, 1.1	0.45
	葡萄干	0.67, 1.6, 2.3, 3.1, 4.5, 5.7, 5.8	3.1
	湿果渣	1.3, 2.4, 3.5, 16	3
	干果渣	3.5, 3.9, 7.4, 33	5.7
菠萝	菠萝皮渣	1.3	
	洗过的菠萝皮	0.4	
番茄	清洗	0.94, 1	0.97
	去皮	0.29, 0.37	0.33
	番茄汁	0.56, 0.59, 0.74	0.59
	番茄泥	0.78	
	番茄糊	1.9, 5.2, 5.9	5.2
	番茄饯	0.58, 0.59	0.585
	番茄酱	2.4	
	湿番茄浆	3.6	
	干番茄浆	14	
咖啡豆	烘焙	1.1	
	速溶咖啡	1.3	

187.5 信息来源：2007Report

188. triazophos 三唑磷

188.1 JMPR 残留物定义（MRL 监测）：三唑磷

188.2 JMPR 残留物定义（膳食摄入评估）：三唑磷

188.3 GB 2763—2016 残留物定义（MRL 监测）：三唑磷

188.4 加工因子

初级农产品	加工农产品/加工方式	加工因子	
		测定值	最佳值
稻谷	去壳	0.22，0.19，0.20，0.20，0.21，0.22，0.22，0.22，0.23，0.24，0.26，0.27，0.28，0.30，0.31，0.31	0.24
	抛光	0.037，0.039，0.039，0.040，0.041，0.042，0.066，0.075，0.080，0.11，0.19	0.08

188.5 信息来源：2013Evaluation

189. trifloxystrobin 肟菌酯

189.1 JMPR 残留物定义（MRL 监测）：

植物源食品：肟菌酯

动物源食品：肟菌酯和（E，E）-甲氧基亚氨基-｛2-［1-（3-三氟甲基-苯基）亚乙基氨基氧甲基］-苯基｝醋酸（CGA321113）之和，以肟菌酯表示

189.2 JMPR 残留物定义（膳食摄入评估）：肟菌酯和（E，E）-甲氧基亚氨基-｛2-［1-（3-三氟甲基-苯基）亚乙基氨基氧甲基］-苯基｝醋酸（CGA321113）之和，以肟菌酯表示

189.3 GB 2763—2016 残留物定义（MRL 监测）：肟菌酯

189.4 加工因子

初级农产品	加工农产品/加工方式	加工因子
草莓	草莓酱	0.58
	草莓蜜饯	0.29
橄榄	初榨橄榄油	3
	橄榄油	4.15
大豆	豆壳	0.48
	豆粕	<0.04
	油	0.13
	分选谷物颗粒	69.7

189.5 信息来源：2004Evaluation；2012Evaluation；2015Evaluation

190. triflumizole 氟菌唑

190.1 JMPR 残留物定义（MRL 监测）：以 4-氯-2-（三氟甲基）-苯胺进行分析，以氟菌唑表示

190.2 JMPR 残留物定义（膳食摄入评估）：以 4-氯-2-（三氟甲基）-苯胺进行分析，以氟菌唑表示

190.3 GB 2763—2016 残留物定义（MRL 监测）：氟菌唑及其代谢物［4-氯-α，α，α-三氟-N-（1-氨基-2-丙氧基亚乙基）-o-甲苯胺］之和，以氟菌唑表示

190.4 加工因子

初级农产品	加工农产品/加工方式	加工因子
苹果	果汁	0.23
	果酱	0.35
	干果渣	1.67
	湿果渣	0.9
葡萄	湿果渣	4.32
	干果渣	6.29
	葡萄干	0.22
	葡萄梗	3.16
	果汁	0.42
	未洗葡萄干	0.37
	洗涤葡萄干	0.15
	废料	0.37

190.5 信息来源：2013 Evaluation

191. triforine 嗪氨灵

191.1 JMPR 残留物定义（MRL 监测）：

植物源食品：嗪氨灵

动物源食品：嗪氨灵及其代谢物水合三氯乙醛，以嗪氨灵表示

191.2 JMPR 残留物定义（膳食摄入评估）：

植物源食品：嗪氨灵

动物源食品：嗪氨灵及其代谢物水合三氯乙醛，以嗪氨灵表示

191.3 GB 2763—2016 残留物定义（MRL 监测）：嗪氨灵和三氯乙醛之和，以嗪氨灵表示

191.4 加工因子

初级农产品	加工农产品/加工方式	加工因子
李子	蜜饯	0.27，0.91
	果渣	0.80，0.91
	李子干	0.13，0.48
	煮熟	<0.21
葡萄	果汁	0.31
	红酒	0.14
番茄	番茄汁	0.76，0.74，<0.12
	番茄糊	2.6，2.3，<0.12，0.14
	番茄酱	4.6，4.2，<0.12，<0.008
	脱水果肉	11，11
	番茄泥	<0.12
	湿果渣	<0.12
	干果渣	1.6

191.5 信息来源：2014Report，Evaluation

192. trinexapac – ethyl 抗倒酯

192.1 JMPR 残留物定义（MRL 监测）：抗倒酯（酸）

192.2 JMPR 残留物定义（膳食摄入评估）：

植物源食品：抗倒酯及其共轭物，以抗倒酸表示

动物源食品：抗倒酯（酸）

192.3 GB 2763—2016 残留物定义（MRL 监测）：抗倒酸

192.4 加工因子

初级农产品	加工农产品/加工方式	加工因子
大麦	珍珠麦	1.2
	麦麸	1.9
	面粉	0.43
小麦	分选谷物颗粒	0.55
	麦麸	1.9
	面粉	0.43
	细麦麸	0.55
	次粉	0.46
	胚芽	1.1
甘蔗	甘蔗糖蜜	5.8
	糖	0.15
油菜籽	油粕	1.2
	压榨油	0.05

192.5 信息来源：2013Report，Evaluation

193. zeta-cypermethrin 氯氰菊酯

193.1 JMPR 残留物定义（MRL 监测）：氯氰菊酯（异构体之和）

193.2 JMPR 残留物定义（膳食摄入评估）：氯氰菊酯（异构体之和）

193.3 GB 2763—2016 残留物定义（MRL 监测）：氯氰菊酯（异构体之和）

193.4 加工因子

初级农产品（初级农产品）	加工农产品	加工因子	
		测定值	最佳值
桃	桃罐头	<0.14，<0.17	<0.14
	桃蜜	<0.14，<0.17	<0.14
李子	李子干	3.6，2.8	3.2
番茄	番茄酱	<0.56	
	番茄糊	<0.56	
豌豆	煮熟	0.48，0.48，0.50，0.61	0.52
	微波加热	0.52，0.62，0.50，0.67	0.58
	蒸	0.59，0.55，0.56，0.50	0.55
大豆	煮大豆	<0.59，1.0	0.8
	微波加热大豆	0.59，1.2	0.9
	蒸大豆	0.71，1.35	1.0

（续）

初级农产品（初级农产品）	加工农产品	加工因子	
		测定值	最佳值
小麦	麦麸	1.4	
	面粉	<0.56	
	胚芽	<0.56	
葵花籽	油粕	<0.09	
	油	<0.46	
菠菜	蒸菠菜	0.59，0.95	0.77
	微波加热菠菜	0.90，0.75	0.82
	菠菜汤	0.65，0.65	0.65
	菠菜罐头	0.57，0.28	0.43

193.5 信息来源：2008Evaluation

194. ziram 福美锌

194.1 JMPR 残留物定义（MRL 监测）：二硫代氨基甲酸盐（或酯）类的总和，以酸化过程中二硫化碳形成的量判定，以 CS_2（mg/kg）表示

194.2 JMPR 残留物定义（膳食摄入评估）：福美锌

194.3 GB 2763—2016 残留物定义（MRL 监测）：二硫代氨基甲酸盐（或酯），以二硫化碳表示

194.4 加工因子

初级农产品	加工农产品/加工方式	加工因子
苹果	果汁	0.097
	湿果渣	1.34
	干果渣	1.82

194.5 信息来源：1996Report，Evaluation

195. zoxamide 苯酰菌胺

195.1 JMPR 残留物定义（MRL 监测）：苯酰菌胺

195.2 JMPR 残留物定义（膳食摄入评估）：苯酰菌胺

195.3 GB 2763—2016 残留物定义（MRL 监测）：苯酰菌胺

195.4 加工因子

初级农产品	加工农产品/加工方式	加工因子	
		测定值	最佳值
葡萄	未澄清的果汁	0.10，0.16	0.13
	葡萄干	2.2，3.5	2.9
	葡萄酒	<0.01，<0.01，<0.01，<0.01，<0.02，<0.02，<0.02，<0.02，<0.02，<0.03，<0.03，<0.04	<0.02
	湿果渣	0.01，0.02，0.05，0.05，0.13，0.79，1.1，1.5，3.1	1.3

（续）

初级农产品	加工农产品/加工方式	加工因子	
		测定值	最佳值
番茄	番茄糊	0.43	
	番茄酱	0.97	
马铃薯	马铃薯皮	>3.0	

195.5 信息来源：2007 Evaluation

附录1　农药中英文对照及 JMPR 化合物编号

中文名称	英文名称	JMPR 化合物编号
2，4-滴	2，4-D	20
2甲4氯	MCPA	257
S-氰戊菊酯	esfenvalerate	204
阿维菌素	abamectin	177
矮壮素	chlormequat	15
安硫磷	formothion	42
百草枯	paraquat	57
百菌清	chlorothalonil	81
倍硫磷	fenthion	39
苯并烯氟菌唑	benzovindiflupyr	261
苯丁锡	fenbutatin oxide	109
苯菌灵	benomyl	69
苯菌酮	metrafenone	278
苯醚甲环唑	difenoconazole	224
苯嘧磺草胺	saflufenacil	251
苯霜灵	benalaxyl	155
苯酰菌胺	zoxamide	227
苯线磷	fenamiphos	85
吡丙醚	pyriproxyfen	200
吡虫啉	imidacloprid	206
吡啶呋虫胺	flupyradifurone	285
吡噻菌胺	penthiopyrad	253
吡蚜酮	pymetrozine	279
吡唑醚菌酯	pyraclostrobin	210
吡唑萘菌胺	isopyrazam	249
丙环唑	propiconazole	160
丙硫菌唑	prothioconazole	232
丙炔氟草胺	flumioxazin	284
丙森锌	propineb	105
丙溴磷	profenofos	171
草铵膦	glufosinate - ammonium	175
草甘膦	glyphosate	58
虫螨腈	chlorfenapyr	254
除虫菊素	pyrethrins	63
除虫脲	diflubenzuron	130
代森锰	maneb	105

（续）

中文名称	英文名称	JMPR 化合物编号
代森锰锌	mancozeb	50
敌草腈	dichlobenil	274
敌草快	diquat	31
敌敌畏	dichlorvos	25
敌螨普	dinocap	87
丁氟螨酯	cyflumetofen	273
丁硫克百威	carbosulfan	145
啶虫脒	acetamiprid	246
啶酰菌胺	boscalid	221
啶氧菌酯	picoxystrobin	258
毒死蜱	chlorpyrifos	17
对硫磷	parathion	58
多菌灵	carbendazim	72
多杀霉素	spinosad	203
噁唑菌酮	famoxadone	208
二苯胺	diphenylamine	30
二硫代氨基甲酸盐（或酯）类农药	dithiocarbamates	105
二氯喹啉酸	quinclorac	287
二嗪磷	diazinon	22
二氰蒽醌	dithianon	180
粉唑醇	flutriafol	248
呋虫胺	dinotefuran	255
伏杀硫磷	phosalone	60
氟苯虫酰胺	flubendiamide	242
氟苯脲	teflubenzuron	190
氟吡禾灵	haloxyfop	194
氟吡菌胺	fluopicolide	235
氟吡菌酰胺	fluopyram	243
氟虫腈	fipronil	202
氟虫脲	flufenoxuron	275
氟啶虫胺腈	sulfoxaflor	252
氟啶虫酰胺	flonicamid	282
氟硅唑	flusilazole	165
氟菌唑	triflumizole	270
氟氯氰菊酯	cyfluthrin	157
氟噻唑吡乙酮	oxathiapiprolin	291
氟酰胺	flutolanil	205
氟酰脲	novaluron	217
氟唑菌酰胺	fluxapyroxad	256
福美双	thiram	105

（续）

中文名称	英文名称	JMPR 化合物编号
福美锌	ziram	105
高效氟氯氰菊酯	beta – cyfluthrin	228
高效氯氟氰菊酯	lambda – cyhalothrin	146
环丙唑醇	cyproconazole	239
环酰菌胺	fenhexamid	215
活化酯	acibenzolar – S – methyl	288
甲氨基阿维菌素苯甲酸盐	emamectin benzoate	247
甲胺磷	methamidophos	100
甲拌磷	phorate	112
甲苯氟磺胺	tolylfluanid	162
甲基毒死蜱	chlorpyrifos – methyl	90
甲基对硫磷	parathion – methyl	59
甲基立枯磷	tolclofos – methyl	191
甲基嘧啶磷	pirimiphos – methyl	86
甲硫威	methiocarb	132
甲咪唑烟酸	imazapic	266
甲萘威	carbaryl	8
甲氰菊酯	fenpropathrin	185
甲霜灵/精甲霜灵	metalaxyl（metalaxyl – M）	138/212
甲氧虫酰肼	methoxyfenozide	209
甲氧咪草烟	imazamox	276
腈苯唑	fenbuconazole	197
腈菌唑	myclobutanil	181
精吡氟禾草灵	fluazifop – P – Butyl	283
精二甲吩草胺	dimethenamid – P	214
抗倒酯	trinexapac – ethyl	271
抗蚜威	pirimicarb	101
克百威	carbofuran	96
克菌丹	captan	7
喹氧灵	quinoxyfen	222
乐果	dimethoate	27
联苯吡菌胺	bixafen	262
联苯肼酯	bifenazate	219
联苯菊酯	bifenthrin	178
联苯三唑醇	bitertanol	144
联氟砜	fluensulfone	265
邻苯基苯酚	2 – phenylphenol	56
林丹	lindane	48
硫丹	endosulfan	32
硫双威	thiodicarb	154

（续）

中文名称	英文名称	JMPR 化合物编号
硫酰氟	sulfuryl fluoride	218
硫线磷	cadusafos	174
螺虫乙酯	spirotetramat	234
螺甲螨酯	spiromesifen	294
螺螨酯	spirodiclofen	237
咯菌腈	fludioxonil	211
氯氨吡啶酸	aminopyralid	220
氯苯胺灵	chlorpropham	201
氯虫苯甲酰胺	chlorantraniliprole	230
氯氰菊酯	cypermethrin	118
氯氰菊酯	zeta - cypermethrin	118
氯硝胺	dicloran	83
马拉硫磷	malathion	49
麦草畏	dicamba	240
咪鲜胺	prochloraz	142
咪唑菌酮	fenamidone	264
咪唑烟酸	imazapyr	267
咪唑乙烟酸	imazethapyr	289
醚菊酯	etofenprox	184
醚菌酯	kresoxim - methyl	199
嘧菌环胺	cyprodinil	207
嘧菌酯	azoxystrobin	229
嘧霉胺	pyrimethanil	226
灭草松	bentazone	172
灭多威	methomyl	94
灭蝇胺	cyromazine	169
嗪氨灵	triforine	116
氰氟虫腙	metaflumizone	236
氰霜唑	cyazofamid	281
炔螨特	propargite	113
噻草酮	cycloxydim	179
噻虫胺	clothianidin	238
噻虫嗪	thiamethoxam	245
噻节因	dimethipin	151
噻菌灵	thiabendazole	65
噻螨酮	hexythiazox	176
噻嗪酮	buprofezin	173
三环锡	cyhexatin	67
三氯杀螨醇	dicofol	26
三唑磷	triazophos	143
三唑酮/三唑醇	triadimefon/triadimenol	133，168

（续）

中文名称	英文名称	JMPR 化合物编号
三唑锡	azocyclotin	129
杀螟硫磷	fenitrothion	37
杀扑磷	methidathion	51
杀线威	oxamyl	126
虱螨脲	luferuron	286
双炔酰菌胺	mandipropamid	231
霜霉威	propamocarb	148
顺式氯氰菊酯	alpha - cypermethrin	118
四氯硝基苯	tecnazene	115
四螨嗪	clofentezine	156
速灭磷	mevinphos	53
涕灭威	aldicarb	117
肟菌酯	trifloxystrobin	213
五氯硝基苯	quintozene	64
戊菌唑	penconazole	182
戊唑醇	tebuconazole	189
烯草酮	clethodim	187
（S-）烯虫酯	S - methoprene	147
烯酰吗啉	dimethomorph	225
硝苯菌酯	meptyldinocap	244
溴螨酯	bromopropylate	70
溴氰虫酰胺	cyantraniliprole	263
溴氰菊酯	deltamethrin	35
亚胺硫磷	phosmet	103
亚砜磷	oxydemeton - methyl	166
乙拌磷	disulfoton	74
乙草胺	acetochlor	280
乙基多杀菌素	spinetoram	233
乙硫磷	ethion	34
乙螨唑	etoxazole	241
乙烯利	ethephon	106
乙酰甲胺磷	acephate	95
异丙噻菌胺	isofetamid	290
异噁唑草酮	isoxaflutole	268
异菌脲	iprodione	111
抑芽丹	maleic hydrazide	102
茚虫威	indoxacarb	216
增效醚	piperonyl butoxide	62
唑虫酰胺	tolfenpyrad	269
唑螨酯	fenpyroximate	193
唑嘧菌胺	ametoctradin	260

附录 2　疑难农产品中英文对照

　　由于部分农产品的英文没有准确的中文对照，作者根据自己理解进行了翻译，为了读者方便阅读，这里将一部分疑难农产品所对应的中文列了出来，具体如下：

比勒面粉　bühler flour

残渣　offal

糙米　milled rice；brown rice

草莓香精　distillate

次粉　wheat middling；shorts；middlings

粗粉　grits

蛋白饲料　gluten feed meal

低级面粉　low grade flour

低级小麦　red dog

杜伦小麦麦麸　semolia bran

杜伦小麦面粉　wheat semolia

发酵橄榄　olives，fermented

番茄糊　puree

番茄酱　ketchup

番茄泥　paste

分选谷物颗粒　aspirated grain fraction；AGF；
　aspirated

干淀粉　dried starch

干果皮/干果肉　dried peel/pulp；dried peel（pulp）

干果皮粉末　dried fines of peel

干浆　dried pulp

干面筋　dried gluten

拣出的等外品　cull

精磨珍珠大麦　pearl barley rub – off

精油（橙、柑橘）　orange oil；peel oil

酒糟　spent grain

橘皮粉　peel frits

老油-炸薯条　frying oil – chips

冷却残渣　barley trub

李子干　prunes；dried prunes

粮食粉尘　grain dust

麦芽　malt

棉籽（未脱绒）　fuzzy seed

面粉　flour，white flour

磨粉　abraded fraction/pearly barley abrasion

泡菜　pickled

胚芽　germ

啤酒花干果穗　dry cones

葡萄干　raisin；dried grapes

葡萄干废料　raisin waste

去壳大麦　pot barley

全麦面包　whole meal bread

全麦面粉　whole meal flour

热法榨汁　hot break

糖蜜　molasses

特级面粉　patent flour

脱水产品　pepper，dehydrated

小黄瓜罐头　canned，gherkins

小麦细麸　wheat pollard

新油-炸薯条　freshed oil – chips

油粕（豆粕；油菜籽粕；葵花籽粕；棉粕）　cake；
　meal

皂脚；废料　waste

榨柑橘汁　press liquor

珍珠麦　pearl barley

整理后的菜头　trimmed heads

附录3 加工农产品中农药残留试验准则
(NY/T 3095—2017)

1 范围

本标准规定了加工农产品中农药残留试验的方法和技术要求。

本标准适用于农药登记中的加工农产品农药残留试验。

2 规范性引用文件

下列文件对于本文件的应用是必不可少的。凡是注日期的引用文件，仅注日期的版本适用于本文件。凡是不注日期的引用文件，其最新版本（包括所有的修改单）适用于本文件。

NY/T 788 农药残留试验准则

NY/T 3094 植物源性农产品中农药残留储藏稳定性试验准则

3 术语和定义

NY/T 788 界定的以及下列术语和定义适用于本文件。

3.1 加工农产品中农药残留试验 testing of pesticide residues in processed agricultural commodities

为明确农产品加工过程中农药残留量的变化和分布，获取加工因子而进行的试验，包括田间和加工试验。

3.2 初级农产品 raw agricultural commodities (RAC)

来源于种植业、未经加工的农产品。

3.3 加工农产品 processed agricultural commodities (PAC)

以种植业产品为主要原料的加工制品。

3.4 加工因子 processing factor (Pf)

加工农产品中的农药残留量与初级农产品中农药残留量之比。

4 基本要求

试验的背景资料，应包括试验农药的有效成分及其剂型的理化性质，登记作物、防治对象、使用剂量、使用时期和次数、推荐的安全间隔期，残留分析方法以及已有的代谢、残留资料、加工过程及操作规则等，并记录农药通用名称（中文、英文）、注意事项以及生产厂家（公司）等。

5 加工试验

5.1 试验类型

5.1.1 有明确定义、典型的加工方式，应模拟其加工过程进行试验。

5.1.2 对于不同的加工模式，优先选择规模大、商业化的加工方式进行试验。

5.2 试验外推

5.2.1 加工农产品根据加工工艺进行分类，经过相同或相似加工过程的产品，其试验结果可用于采用类似工艺的其他产品，如柑橘加工成柑橘汁和柑橘渣的结果可外推到其他柑橘类水果的加工。

5.2.2 外推范围应符合附录A的要求。

5.3　加工技术

试验中所使用的技术应尽可能与实际加工技术一致，规模化生产的加工农产品（如麦片、蜜饯、果汁、糖、油）应使用具有代表性的生产技术。如加工过程主要在家庭（如烹煮的蔬菜），应使用家庭通常使用的设备和加工技术。不同规模化、商业化加工工艺的差异应有明确体现并具体说明。

6　田间试验设计

6.1　参照农药登记规范残留试验提供的良好农业规范，选取最高施药剂量、最多施药次数和最短安全间隔期，进行田间试验设计。

6.2　应确保进行加工试验样品中农药残留量大于定量限（LOQ），至少为 0.1 mg/kg 或 LOQ 的 10 倍。在不发生药害的前提下，作物上施用农药的浓度可高于推荐的最高施药剂量，最大可增至 5 倍。

6.3　试验点数选择：应在作物不同的主产区设两个以上独立的田间试验。

6.4　试验小区面积应满足加工工艺所需要的加工产品数量要求。

7　采样

7.1　田间样品的采集

7.1.1　田间样品采样应根据加工的需要一次采集足够的数量。

7.1.2　加工前可参照 GB/T 8855 的规定对采集的田间样品进行取样，并检测残留量，如不能在 24 h 内检测，应在不高于 -18℃ 条件下保存。

7.2　加工样品的采集

7.2.1　加工过程中，根据获得的不同加工产品，每种产品至少采集 3 个平行样品，采集量应满足检测的要求。

7.2.2　加工过程中采集的待分析样品，应立即进行分析或在 24 h 内不高于 -18℃ 条件下保存。

8　样品分析

应符合 NY/T 788 的要求。

9　加工因子

加工因子按式（1）计算。

$$Pf = \frac{R_P}{R_R} \quad\text{...}\quad (1)$$

式中：

Pf ——加工因子；

R_P ——加工后农产品中农药残留量，单位为毫克每千克（mg/kg）；

R_R ——加工前农产品中农药残留量，单位为毫克每千克（mg/kg）。

当加工因子大于 1 时，表明在加工过程中，农产品中的农药残留量增加；反之，农产品中的农药残留量降低。

10　储藏稳定性数据

应符合 NY/T 3094 的要求。

11　试验报告

试验报告的内容参见附录 B。

附　录　A
（规范性附录）
加工农产品外推表

加工农产品外推表见表 A.1。

表 A.1　加工农产品外推表

产品	描　述	代表作物/初级农产品	外　推	工艺规模
果汁	也包括用于动物饲料的果渣及干果肉（副产品）	柑橘 苹果 葡萄	柑橘→柑橘类（果汁、饲料），热带水果（仅果汁） 苹果→梨果、核果（果汁、饲料） 葡萄→小型浆果（果汁、饲料）	作坊/规模化
酒精饮料	发酵 制麦芽 酿造 蒸馏	葡萄（葡萄酒） 大米 大麦 啤酒花 其他谷物 （小麦、玉米、黑麦） 甘蔗	葡萄[a]→所有可以加工为果酒的RAC，大米除外 大米（啤酒、酒）→无外推作物 大麦[b]→所有用于加工啤酒的RAC，大米及啤酒花除外 大麦→所有用于加工威士忌酒的RAC	作坊/规模化
蔬菜汁	包括制备浓缩汁，如番茄酱及糊	番茄 胡萝卜	番茄→所有的蔬菜	作坊/规模化
制油	压榨或提取 包括用于动物饲料的餐饼或压滤饼	油菜籽 橄榄 玉米	1. 溶剂提取（粉碎） 橄榄　无外推 棉籽↔大豆→油菜籽→其他油料种子 2. 冷压榨 橄榄　无外推 棉籽↔大豆→油菜籽→其他油料种子 3. 粉碎（干或湿） 玉米　无外推	规模化
磨粉	包括用于动物饲料的糠和麸，及其他用于饲料的谷物粉碎物	小麦 大米 玉米	小麦→除大米外的所有小谷物（燕麦、大麦、黑小麦、黑麦、青稞） 大米→野生稻 玉米（玉米、干粉）→高粱	规模化
青贮饲料	重要的动物饲料	甜菜 牧草/紫花苜蓿	甜菜→根和块茎 牧草/紫花苜蓿→所有青贮饲料	规模化
制糖	糖浆和甘蔗渣（用于动物饲料）是制糖过程中唯一可能产生残留浓缩的产品。其他的加工产品如蔗糖，也应进行评估	甜菜 甘蔗 甜高粱 玉米	甘蔗↔甜菜（仅用于精制糖） 玉米→大米、木薯	规模化
浸泡液或提取液	浸泡液，包括绿茶和红茶。烘焙和提取（包括速溶咖啡）	茶 可可 咖啡	无外推	作坊/规模化

表 A.1（续）

产品	描　　述	代表作物/初级农产品	外　　推	工艺规模
罐装水果		罐装的： 苹果/梨 樱桃/桃子 菠萝	任何罐装的有皮水果→所有罐装水果	作坊/规模化
其他水果产品制备	包括果酱、果冻、调味汁/浓汤ᶜ	仁果类水果 核果类 葡萄 柑橘类	任何一种水果→其他主要水果	作坊/规模化
在水中烹饪蔬菜、谷物（包括在蒸汽中）		胡萝卜 豆类/豌豆（干） 豆类/豌豆（含水） 马铃薯 菠菜 大米（糙米或精米） 食用菌	菠菜→叶类蔬菜，芸薹类蔬菜（小于 20 min） 马铃薯→根茎类蔬菜，新鲜豆类蔬菜（大于 20 min） 大米→所有谷物	作坊
罐装蔬菜		豆类（青豆或干豆） 玉米（甜） 豌豆 马铃薯 菠菜 甜菜 番茄 豌豆或豆类	豆、玉米、豌豆或菠菜→其他蔬菜 马铃薯→甘薯	作坊/规模化
其他蔬菜	油炸 微波 烘焙	马铃薯	马铃薯→所有蔬菜（微波方式） 马铃薯→所有蔬菜（油炸或烘焙方式）	作坊/规模化
脱水	除去水分	水果 蔬菜、马铃薯、青草	无外推	规模化
大豆、大米和其他（酒精饮料除外）	发酵	大豆、大米 水果、蔬菜	无外推	规模化
腌菜	通过使用盐溶液厌氧发酵保存食物的方法	黄瓜 甘蓝	黄瓜→所有蔬菜	作坊/规模化

　a　红葡萄酒及白葡萄酒中均有必要进行加工试验。

　b　作为一种多组分多步骤的加工产品，尽管啤酒不属于初级加工产品，但是由于它本身的重要性将其归为第一类加工类型。

　c　果酱、果冻的加工程序并非初级加工程序，所以可以不进行加工试验。因为加工过程中加入较大量的糖（30％～60％含糖量），替代加工研究的计算的加工因子均应在 50％果汁量的基础上进行计算，或者在糖添加的加工过程中将加工因子设为 0.5（水果 RAC 中的残留量×0.5＝果酱中残留量）。

附 录 B

（资料性附录）

加工农产品中农药残留试验报告要求

B.1 测试物信息

化学名称、通用名称（中文、英文）、公司名称、CAS号、结构式、分子式、相对分子质量等。

B.2 试验目的

详细说明试验目的，包括整个试验过程要解决的问题。

B.3 试验地点

B.3.1 试验单位、试验地点、位置信息，包括面积、排灌及方位图。

B.3.2 选择家庭或工业加工方式的理由。

B.3.3 选择作物或加工农产品种类的理由。

B.4 田间试验

B.4.1 农产品分类及名称。

B.4.2 良好农业规范信息：剂量、次数、采收间隔期、试验开始及结束时间等。

B.4.3 样品采集数量。

B.4.4 加工前样品的制备、储藏条件（包括运输条件）、储藏时间。

B.5 加工过程

B.5.1 详细说明加工过程，并以流程图表示，流程图中应标出采样点。

B.5.2 加工设备描述。

B.5.3 说明加工过程的取样点、样品状态及取样量。

B.6 分析方法

B.6.1 方法描述，包括方法验证（添加回收率及方法检测限）、样品制备和处理的全过程，残留物及相关的代谢物等。

B.6.2 样品添加、提取、测试等，如果未在制备当日分析应说明储藏条件。

B.6.3 提供空白样品、添加样品、样品的原始数据。

B.6.4 所用仪器及操作条件、试剂、提取、净化等。

B.7 结果与讨论

B.7.1 以文字及表格描述不同加工阶段的残留检测步骤。

B.7.2 列出每个样品的残留量，不应仅列出平均值或范围。如残留量高于LOQ，应讨论有效成分和代谢及降解产物的残留显著性与分布情况。

B.7.3 提交样品采集、冷冻、提取、检测的日期、样品储藏时间及温度。

B.7.4 加工因子描述及计算实例。

B. 7. 5　对试验计划的偏离及对结果影响的评价。

B. 8　结论

得出加工过程中对农药残留的影响，加工农产品中农药残留的加工因子。

B. 9　表格

B. 9. 1　田间试验设计表。

B. 9. 2　添加回收率表。

B. 9. 3　加工过程不同阶段的产品中母体及其代谢物的分布及含量表。

B. 10　图

B. 10. 1　加工程序流程图。

B. 10. 2　方法回收率样品图谱。

B. 10. 3　不同加工阶段样品检测图谱。

B. 11　参考文献

列出与加工试验相关的主要资料。

图书在版编目（CIP）数据

农药残留加工因子手册 / 农业部农药检定所编著．
—北京：中国农业出版社，2017.11
ISBN 978 - 7 - 109 - 23545 - 8

Ⅰ.①农…　Ⅱ.①农…　Ⅲ.①农药残留量分析　Ⅳ.①
X592.02

中国版本图书馆 CIP 数据核字（2017）第 279334 号

中国农业出版社出版
（北京市朝阳区麦子店街 18 号楼）
（邮政编码 100125）
责任编辑　郭晨茜

中国农业出版社印刷厂印刷　新华书店北京发行所发行
2017 年 11 月第 1 版　2017 年 11 月北京第 1 次印刷

开本：889mm×1194mm　1/16　印张：11.25
字数：350 千字
定价：120 元
（凡本版图书出现印刷、装订错误，请向出版社发行部调换）